Star

星出版

新觀點
新思維
新眼界

amazon
絕對思考

amazonの絶対思考

星 健一 著

游韻馨 譯

Star 星出版

目錄

第5章 **亞馬遜人的常識與人才育成**

14 條領導方針

亞馬遜的祕密主義與課題

徹底執行的情報管理與經營隱憂

序章

你有多了解亞馬遜公司？

2000年11月1日，日本媒體報導美國亞馬遜公司（Amazon.com, Inc.）進軍日本，日本民眾也能在國內享受「全世界最大網路書店」的服務。當時的亞馬遜只賣書，但網站服務升級的速度很快，沒多久就轉型為「什麼都買得到」的購物網站，服務範圍愈來愈多元。

谷歌（Google）、蘋果（Apple）、臉書（Facebook）與亞馬遜並列為GAFA（取英文名稱首字母組成），是「推動世界」的四大IT企業。

若以2019年7月底的股價乘發行股數所得的市值來計算，微軟（Microsoft）排名第一、蘋果第二、亞馬遜全球第三，達9,230億美元。*

如今，全世界都在探討亞馬遜急速成長為超大型

---

* 以1：30的匯率計算，約為新台幣27兆六千九百多億元。

企業的成功故事，無不認為應向創辦人傑佛瑞‧貝佐斯〔Jeffrey Bezos，外界多稱為傑夫‧貝佐斯（Jeff Bezos），後文通稱貝佐斯〕看齊，學習他的經營手法與創意。不過，不是所有人都能夠成為貝佐斯，可以將貝佐斯的成功故事當成偉人傳記欣賞，但要效法他的生存之道或工作方式，從中獲得啟發、付諸行動改變自己，是一件極為困難的事情。

我個人很尊敬貝佐斯，我在亞馬遜工作時，他已經是天王級的指標人物，但我從未抱持著「向貝佐斯學習」的想法。事實上，我只在會議或聚餐等場合見過貝佐斯本人，前後不超過十次，但在新進員工的眼裡，貝佐斯是他們的偶像。

我們該學習的是，亞馬遜與暱稱為「亞馬遜人」的員工，以貝佐斯的理念為出發點，在發展事業的過程中，將其理念具體化加以貫徹，形成了「一般標準」。

此「標準」是創造革新事業的思考方法，也是建構新事業、擴大規模機制的策略工具，公司營造的內部文化更是使「標準」具有可行性的重大助力。

我在2008年進入亞馬遜日本工作，當時日本國內的員工只有數百人，年營業額約莫2,000億日圓。[1]一直

到我離職的2018年為止，短短十年間，員工人數成長至七千人，[2]營業額達到1兆5,000億日圓以上的規模。[3]

我在進入亞馬遜日本工作之前，1989年任職於成衣機器、產業裝置製造商JUKI株式會社；1990年到2005年的十五年間，我在五個國家（蘇聯、印度、新加坡、法國、羅馬尼亞）工作。在法國與羅馬尼亞工作的期間，我以董事長的身分經營公司，也扛著經銷商老闆的頭銜跑業務，與客戶簽訂銷售契約，包括成衣、皮革製品、汽車內部坐墊等工廠。

多謝大家的抬愛，JUKI在工業用縫紉機業界創下傲視全球的市占率，建立了品牌價值。面對客戶提出的交易條件，我得以堅守自家產品的成本，談到賺取適當利潤的價格，進而提高營業額。現在回想起來，我那時的經營模式較具個人風格，根本無法規劃詳細的戰略對策、架構公司組織，也不能建立有效率的銷售方法。儘管如此，開發新市場、經營公司與事業，還是讓我學到許多必要知識，累積了豐富的經驗。

2005年到2008年，我在販售標準模具零件、FA（工廠自動化）零件的商社三住集團擔任泰國分公司董事長，進行徹底的現狀分析，實踐戰略規劃、行動

策略、執行與驗證等工作。每週根據關鍵績效指標
（Key Performance Indicator, KPI）持續追蹤與分析，
讓我深刻體會數據資料的重要性。這三年的經驗成
為我的經營基礎，讓我從B2B（Business to Business，
企業對企業的銷售服務）轉進循環速度更快的B2C
（Business to Customer，企業對一般消費者的銷售服
務）業界，進入亞馬遜日本後仍能有效提高公司業績。

　　2008年6月我進入亞馬遜，擔任居家與廚房用品
事業部的資深經理兼事業部長，之後更開發了運動用
品、DIY工具、汽機車用品等新市場，同時掌管多個
事業部門，短短一年半就被擢升為總監。

　　而且，我也以領導團隊成員（相當於一般企業的
經營高層、經營會議成員）的身分，擔任多個事業本
部的本部長，包括由家電等十四個事業部組成的硬體
設備事業本部、主導亞馬遜市集業務的賣家服務事業
本部，以及針對企業提供B2B銷售服務的亞馬遜商業
事業本部。身為統籌主要事業的領導者，很榮幸能夠
帶領所有同仁在急速成長的第一線事業開疆拓土。

　　儘管面臨了許多困難阻礙，我都能站在經營者的
立場一一克服，維持高成長率、擴大事業版圖。

亞馬遜日本的成長過程可分為三個時期，第一個時期是2000年到2005年左右。當時還在摸索經營方向之中，公司內部充滿了新創、冒險等企業文化，在實作中建構公司體制，留下強烈的個人風格。

第二個時期是2005年到2015年左右。隨著自動化技術日新月異，商品種類逐漸擴大（公司內部將強而有力的事業從既有事業中獨立出來的行為稱為「分割」），每年都規劃比前一年高出數倍的事業計畫，也順利達成目標。員工人數從幾百人一口氣增加到幾千人，時刻注意避免染上大公司的陳規陋習，謹慎管理組織，培養出亞馬遜特有的企業文化。

第三個時期則是2015年到現在。發展新事業使得公司組職更加龐大，陸續成立了許多大規模的事業單位。與此同時，公司也授予各事業領導者更多權力。過去培養出獨特、強烈的亞馬遜組織文化，在微調過程中逐漸強化，成為擴大事業的原動力。

本書有別於市面上那些由非亞馬遜人的作者，根據公開數字和資訊客觀分析、解說亞馬遜強項的著作。

我在橫跨第二時期與第三時期的十年間，率領主要事業部門。本書集結了我在亞馬遜日本學會並實踐

的領導風格、具體的商業策略，以及有助於推動工作、拓展事業、提高顧客滿意度的重要工具，站在主觀的立場廣泛、仔細地解說實際範例。

進入亞馬遜日本工作後，我深刻體悟到，我必須不斷進化自己的工作方式，關鍵在於：亞馬遜的「一般標準」與我過去任職的日本企業和國外子公司經驗中學習到的「標準」不同。

我在本書將亞馬遜的「一般標準」，稱為亞馬遜的「絕對思考」。

值得一提的是，我並非表現絕頂出色的精英，但我在很短的時間內就被拔擢加入經營會議，成功打造自己負責的事業部門。原因很簡單，因為我一進入公司，就立刻學習亞馬遜的「絕對思考」，內化成自己的一部分，讓原本的領導風格與思考方法更具彈性。

不瞞各位，我的個人作風有時也會遭到否定，令我感到不悅，但如今回頭看，我很感謝亞馬遜給了我許多機會。

或許有些讀者在閱讀這本書的過程中，會認為我寫的內容都是「老生常談」。事實上，這些老生常談的觀念，正是亞馬遜實際施行的經營政策，現今日本

又有多少公司真正執行這些老生常談？

　　我以自己的方式回顧、分析亞馬遜如何實踐這些理所當然的「日常＝常識」做法。亞馬遜的方法與策略當然絕非一定正確，但我希望各位可以將這本書當成參考、深入思考，無論是否找到讓您產生共鳴，決定明天開始親自嘗試的方法，或是發現不適合您目前狀況的對策，相信都會對您有所助益。

　　我將在第1章到第4章說明亞馬遜的事業與商業模式，解說亞馬遜「絕對思考」的運作方式。第5章到第7章的主題是闡述支援事業發展的架構、制度和企業文化，以及實際可行的執行方式。希望各位在閱讀這本書時，明白我寫書的初衷。

　　包括GAFA在內，以平台為強項的大型企業在世界擴展霸權。在瞬息萬變的經營環境中載浮載沉的中小企業經營者，未來的二十年、三十年仍須持續與全球性的霸權公司奮戰。中小企業只有兩個選擇，不是打倒它，就是加入它。衷心希望這本書能為30歲到49歲的中階主管，以及背負企業未來命運的年輕實業家貢獻一份心力。

　　　　　　　　　　　　　　2019年10月　星　健一

第1章　透過數字徹底分析亞馬遜

目標是：網羅地球上最豐富、多樣化的商品

在向各位說明我從亞馬遜學到的事情之前，先從公司規模與成長軌跡來了解亞馬遜這家公司吧！

1995年，亞馬遜在美國華盛頓州的西雅圖正式成立。1994年7月5日，貝佐斯向華盛頓州政府登記成立Cadabra, Inc.，幾個月後將公司改名為Amazon.com, Inc.。貝佐斯在改名時曾經翻閱字典，尋找適合的公司名稱，考量到搜尋排序的優先順序，若以英文字母排序，最好選擇A開頭的名字，因此才選擇了Amazon（亞馬遜）。不僅如此，亞馬遜河（Amazon River）是全世界最大的河川，貝佐斯也希望亞馬遜網

路商店成為全世界最大、商品最豐富的店家。

如今，亞馬遜在全球十六個國家展開事業，[*]包括：美國、阿拉伯聯合大公國、義大利、印度、澳洲、荷蘭、加拿大、西班牙、德國、土耳其、巴西、法國、墨西哥、英國、中國、日本），[4]活躍顧客超過3億人，[5]員工人數達64萬7,500人（截至2018年12月的數據）。[6]

亞馬遜的業績至今仍急速成長。在此公開從我進入亞馬遜日本工作的第二年，也就是2009年到我離職的2018年，前後長達十年的營業額數字。我從Amazon.com各年度決算報告書中擷取重要數字製作成表格與圖表，表格中的空白欄位是Amazon.com決算資料中未公開的部分。

2009年的營業額為245億美元，若以1美元兌100日圓的匯率計算，約為2兆4,500億日圓。[†]當時的事業規模已經非常可觀，但2018年的營業額為其十倍左右，達23兆2,900億日圓。

---

* 至2022年底，已開設22個國家／地區網站。
† 以1：30的匯率計算，約為新台幣7,350億元。

全球與各地區營業額、成長率、費用率＆利益率

	2009	2010	2011	2012	2013	2014	2015	2016	2017	2018
營業額（百萬美元）										
合計	24,509	34,204	48,077	61,093	74,452	88,988	107,006	135,987	177,866	232,887
北美	12,828	18,707	26,705	34,813	41,410	50,834	63,708	79,785	106,110	141,366
海外	11,681	15,497	21,372	26,280	29,934	33,510	35,418	43,983	54,297	65,866
AWS					3,108	4,644	7,880	12,129	17,459	25,655
與前年相較成長率										
合計		39.6%	40.6%	27.1%	21.9%	19.5%	20.2%	27.1%	30.8%	30.9%
北美		45.8%	42.8%	30.4%	18.9%	22.8%	25.3%	25.2%	33.0%	33.2%
海外		32.7%	37.9%	23.0%	13.9%	11.9%	5.7%	24.2%	23.4%	21.3%
AWS						49.4%	69.7%	53.9%	43.9%	46.9%
亞馬遜市集第三方賣家總流通金額比例	31.0%	34.0%	38.0%	42.0%	46.0%	49.0%	51.0%	54.0%	56.0%	58.0%
營業費用率										
進貨	77.4%	77.7%	77.6%	75.2%	72.8%	70.5%	72.6%	64.9%	62.9%	59.8%
物流費	8.1%	8.2%	9.2%	10.2%	11.1%	12.1%	12.5%	13.0%	14.2%	14.6%
行銷	2.7%	2.9%	3.3%	3.8%	4.1%	4.9%	4.9%	5.3%	5.7%	5.9%
技術與內容	4.3%	4.4%	5.4%	6.8%	8.0%	10.4%	11.7%	11.8%	12.7%	12.9%
總務費	1.1%	1.1%	1.2%	1.3%	1.3%	1.7%	1.6%	1.8%	2.1%	1.9%
其他	0.4%	0.3%	0.3%	0.3%	0.2%	0.1%	0.2%	0.1%	0.1%	0.1%
營業利益率										
合計	4.6%	4.1%	1.8%	1.1%	1.0%	0.2%	2.1%	3.1%	2.3%	5.3%
北美	5.5%	5.1%	3.5%	4.6%	2.8%	0.7%	2.2%	3.0%	2.7%	5.1%
海外	7.4%	6.3%	3.0%	0.3%	0.5%	-1.9%	-2.0%	-2.9%	-5.6%	-3.3%
AWS					21.7%	9.9%	19.1%	25.6%	24.8%	28.4%

全球營業額比例、各事業類別營業額比例

	2009	2010	2011	2012	2013	2014	2015	2016	2017	2018
地區別 營業額比例										
美國					59.0%	61.5%	65.9%	66.4%	67.7%	68.8%
德國					14.2%	13.4%	11.0%	10.4%	9.5%	8.5%
英國					9.8%	9.4%	8.4%	7.0%	6.4%	6.2%
日本					10.3%	8.9%	7.7%	7.9%	6.7%	5.9%
其他					6.8%	6.9%	6.9%	8.2%	9.6%	10.5%
營業額 各事業類別比例										
網路商店					77.0%	71.8%	67.2%	60.9%	52.8%
實體店面					0.0%	0.0%	0.0%	3.3%	7.4%
亞馬遜市集第三方賣家					13.2%	15.0%	16.9%	17.9%	18.4%
訂閱服務					3.1%	4.2%	4.7%	5.5%	6.1%
AWS					5.2%	7.4%	9.0%	9.8%	11.0%
其他					1.5%	1.6%	2.2%	2.6%	4.3%

　　我剛進公司的時候，有人在會議上說公司的目標是成為千億美元公司（約10兆日圓企業），當時我覺得這個目標就像夢一般遙遠。沒想到幾年後，2015年便達成目標。三年後，也就是2018年，營業額竟然再翻倍成長，成為20兆日圓企業。亞馬遜的成長速度真的很驚人。

　　一般來說，公司事業的成長率，會隨著營業額愈大而呈現降低的趨勢。即使與前一年度相較，成長率皆為100％，從10億日圓成長到20億日圓，絕對比從1,000萬日圓成長到2,000萬日圓更為困難。

　　亞馬遜的成長率可說是反映出電商（Electronic Commerce＝電子商務，透過網路買賣的交易型態）的無限潛力，但在強敵的環伺之下，亞馬遜為何可以維持如此高的成長率？

　　亞馬遜的營業額除了公司直接進貨銷售的零售業績外，也包括在亞馬遜市集（Amazon Marketplace）販售商品的賣家手續費（以Amazon.co.jp為例，手續費為8％～15％），[7] 以及Amazon Prime的訂閱會費（以月或年為單位預收的定額服務費）和廣告等收益。亞馬遜市集賣家的銷售總額歸類在總流通金額

中，這是第三方賣家的營業額，不是亞馬遜公司本身
的業績。

　　提供全球超過190國的雲端運算服務（透過網路
提供伺服器或軟體服務），亦即AWS（Amazon Web
Services）則列在其他收入項目中。

北美單一市場創下約14兆日圓營業額，比前一年增加33％

　　首先，值得注意的是：在屏除AWS的全球營業額
中，北美市場的營業額占了69％這一點。北美單一市
場就達到14兆日圓的規模，比前一年增加33％，主
要原因在於亞馬遜的新服務與所有知識技術都是從本

地區別營業額（百萬美元）與北美影響力

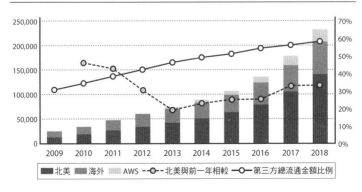

國──美國開始提供的，提高了顧客的便利性，電子商務服務至今仍在持續進化中。

亞馬遜不斷推出新服務，提高服務的完整度，持續提升顧客體驗。舉例來說，美國本土的運送速度過去需要花三到四天，隨著增設履行中心（Fulfillment Center，執行電子商務的庫存、訂單包裝及發送等事宜的據點和倉庫），有效整合配送網絡，現在已經達到當日或隔日配送的目標。

以前在亞馬遜買不到生鮮食品，現在已經可以了。日本提供的「亞馬遜生鮮」（Amazon Fresh）服務（需支付 500 日圓月費）甚至可以只買一包蔬菜，某些地區從 2017 年 4 月起，還享有訂購後最快四小時到貨服務。

實際到北美地區，就能深刻感受到亞馬遜早已深植於每個人的日常生活之中，普及程度超越日本。不僅商品品項豐富，什麼都買得到，價格也很便宜，還能透過手機輕鬆訂購，迅速寄送貨品，提供消費者最方便的訂購服務。正因為亞馬遜持續嚴格執行與提升服務，才能讓提供最前端服務的發源地北美創造出驚人的成長績效。

亞馬遜總部位於西雅圖，該地是亞馬遜推出新服務時的實驗據點。如今遍及全球的「亞馬遜生鮮」從西雅圖開始嘗試，無人超商「Amazon Go」也是2016年12月在西雅圖辦公大樓一隅針對員工提供服務，展開試營運。

Amazon Go透過店內設置的多部攝影機掌握顧客動向，追蹤客戶從貨架上拿取或放回哪些商品，再利用事先登錄在使用者帳號的信用卡自動扣款，因此店內不需要店員結帳。我到西雅圖出差時曾實際體驗過，直接將商品放進包包，不用結帳就走出店外，整個購物過程方便又快速。手機應用程式中的收據，詳細記錄商品與數量，精準計算的程度令我十分欽佩。

亞馬遜的目標是成為「地球上品項最豐富」的網路商店。從追求什麼都能買到的便利性這一點來看，亞馬遜還有許多成長空間。包括不動產這類對電商來說尺寸與金額過於龐大的商品，以及保險、旅行等無形商品服務，相信也會在不久的將來，成為亞馬遜網頁上的販售品項。

話說回來，從整體的零售市場規模來看，亞馬遜的市占率並沒有那麼大。美國的零售市場整體規模約

為 5 兆 5,000 億美元（約 550 兆日圓），光看總部在美國、全球最大的連鎖大賣場沃爾瑪（Walmart），2018年的營業額達 5,003 億 4,000 萬美元（約 50 兆日圓），是亞馬遜的三倍有餘。由此可見，亞馬遜未來的成長性十分值得期待。*

營業額增加，利潤卻微薄的根本原因

2018 年零售部門的營業利益率在北美僅 5.1％；在海外市場方面，由於持續投資印度等新興國家，呈現3.3％的赤字狀態。從圖表上可得知，雖然營業額增加了，營業利益卻沒有相對應的成長曲線，持續低迷狀態。

外界認為，亞馬遜利潤微薄的原因在於不重視PL（Profit and Loss，即財務指標之一的損益表，顯示一定期間內的收入與開支狀態），而是看重現金流量（Cash Flow，實際收益減掉外部支出後，留在手邊的資金流量），持續投資。

---

* 由於新冠疫情等多項因素影響，2021 年亞馬遜零售營收曾一度超越沃爾瑪。

亞馬遜（全球）營業額與營業利益（百萬美元）

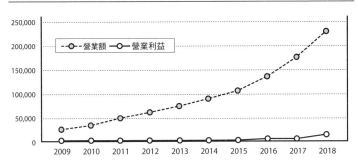

不可否認的，包括投資在內的物流費用，2018年與營業額的比例為14.6％，與2009年相較增加了6.5％。多年前就有人指出電子商務沒有實際店鋪，販售所需的固定費用較少，因此可以訂定比實體店面更便宜的價格，這在商業競爭中是不公平的行為。事實上，根本不是這麼一回事。消費者可在實體店面直接購買商品，對消費者來說相當方便，電子商務若要達到同樣的便利性，就必須建立可在當日或隔日配送的物流體系，這一點需要花費極大成本。

亞馬遜利潤微薄的根本原因在於訂價策略，改善進貨能力雖然降低了進貨成本率（進貨成本除以營業額的比例），但成本仍居高不下。

亞馬遜完全不考慮採用一般零售店採用的吸客策略，也就是同時販售「低利潤商品」和「賺錢商品」。亞馬遜零售部門堅持以最低價格販售所有商品的策略，以最低的毛利（營業額減掉進貨成本的金額）減掉販售管理費，自然只能打造出利潤微薄的零售體系。

如今，亞馬遜市集光靠手續費收入就能創造一定收益，加上創造28％高營業利益率的AWS營收比例急速增加，使得整個事業體的營收日益成長。

說個題外話，在其他雜支中，包括貝佐斯貼身保鑣在內的保全費用總計高達180萬美元（接近2億日圓），[8] 創下全美最高額度。蘋果執行長提姆　庫克（Tim Cook）的保全費用只有31萬美元（約3,000萬日圓出頭），由此可見亞馬遜在這方面的手筆有多大。

貝佐斯幾年前造訪日本時，我曾代表日本亞馬遜在東京都赤坂的高級日本餐廳設宴款待，日本公司高層全部出席。當時貝佐斯身邊就有好幾名身穿黑色西裝的保鑣隨行，還有三輛汽車組成的車隊（其中兩輛用來混淆視聽），讓人完全弄不清貝佐斯坐在哪輛車上，維安等級滴水不漏。

全球亞馬遜市集第三方賣家總流通金額比例逐年增加

接下來的焦點是亞馬遜市集的成長，亞馬遜市集是讓亞馬遜以外的第三方賣家，在亞馬遜商店販售商品的服務，無論是個人或公司行號都能成為賣家。賣家必須支付固定月費（僅限專業賣家）、銷售抽成（商品賣出時）與配送業務等承銷業務必須支付的手續費，這些都列入亞馬遜的營業額。

包括美國在內，全球亞馬遜市集的第三方賣家總流通金額（成交總額）比例逐年增加，2018年已占亞馬遜整體總流通金額（包括亞馬遜直營在內）的58％。[9]

過去，亞馬遜是自己進貨、準備庫存、決定販售價格，再直接販售給終端消費者，以直接銷售（直營）模式開展事業。亞馬遜堅持與其他競爭公司的商品訂定相同售價，即使虧損也在所不惜，電商品牌逐漸贏得顧客信賴。除了商品價格低廉之外，亞馬遜也持續擴大商品品項，提升使用便利性，深獲消費者喜愛。亞馬遜傲視群雄的集客力是最大利器，申請加入

亞馬遜市集的賣家人數急速飆升，成為巨型電子商務平台。

根據亞馬遜2017年的決算報告書，參與亞馬遜市集的第三方賣家全球超過200萬，大多數賣家是中小企業。加入亞馬遜市集後，這些中小企業不只在原有商圈站穩腳步，也能觸及全國的消費者。不僅如此，還能輕鬆跨足海外亞馬遜網路商店，瞬間擴大營業範圍成為國際級賣家，有助於迅速提升業績。

提升顧客體驗的品質與便利性

亞馬遜為了迅速、有效擴大商品品項，將原本以直營為目的建構的電子商務系統，提供給第三方賣家使用，這就是亞馬遜市集的服務起源。

綜觀亞馬遜其他事業體都有這樣的共通點，那就是以徹底追求顧客體驗的品質與便利性而建構的服務為基礎，展開其他營業項目、逐步擴張的策略。舉例來說，美國亞馬遜為了因應感恩節與聖誕節等特殊節慶的購物需求，購入大量伺服器，以避免網路塞車或造成網站當機。但除了特殊節慶之外，其他日子的網站流量並不是那麼大，導致許多伺服器閒置。為了充

分利用公司資源，才想出AWS雲端運算服務的點子。

此外，「亞馬遜支付」（Amazon Pay）服務也是利用亞馬遜顧客登錄的姓名、地址、寄送地址、信用卡號等資料建構而成的。若使用其他網站，消費者每次購物結帳可能都必須輸入相關資料，但使用亞馬遜支付即可省略這個步驟。只要登入亞馬遜帳號就能立刻購物，讓消費者享受最方便的購物體驗。

其他諸如電子書Kindle、音樂、電影等數位內容，還有Amazon Prime會員付費訂閱等亞馬遜各部門提供的標準服務，也是同樣秉持著精益求精的精神，以舊服務為基礎增添創新服務逐漸發展起來，今後也會持續精進下去。

不使用「平台」一詞的原因

包括亞馬遜在內的GAFA皆建構了規模龐大的平台，成為各自領域的基礎與標準，讓顧客與合作夥伴享受便利服務。由於這些平台成為業界標準，使得這些公司成功站穩不可動搖的領先地位。

這一點也是這些企業經常在各國遭受「特別待遇」的原因，例如：美國和日本政府經常以反托拉斯

法與獨占禁止法來檢視相關商業活動。

　　亞馬遜內部不使用「平台」一詞，因為平台給人控制市場、獨占市場的印象，亞馬遜一開始就不是以此為營業目的，立場相當明確。

　　同樣地，亞馬遜也不使用「市場」、「市占率」這些用語，這是因為亞馬遜並非在零售市場做生意，而是只在電子商務「客層」（segment，在市場中根據特定標準區分出不同階層的消費者）展開事業。公司希望，無論是內部員工或外部消費者，都要對亞馬遜的定位有正確認知。

　　亞馬遜也要求員工在撰寫營業計畫書等內部文件時，使用「市場區隔」、「市場區隔占有率」等用語。在美國電子商務市場中，亞馬遜的市場區隔占有率為49.1％，第二名的eBay只有6.6％，差距相當大。但是，亞馬遜在整個零售市場的占有率只有5％左右。

　　從這項數字即可得知美國的零售市場有多龐大，亞馬遜在電子商務已成為市場區隔龍頭，若整個零售市場能夠進一步電子商務化，亞馬遜還有許多進步空間，讓人更加期待亞馬遜的成長。

最大的投資是主動加碼的物流費

檢視亞馬遜的決算資料，會發現隨著事業成長，物流費也愈來愈高。2018年物流費占銷售額的百分比達14.6％，由於訂單愈來愈多，為了迅速將大量商品運送到廣泛區域，亞馬遜陸續在世界各國增設自有的配送據點，名為「履行中心」，建構完整的物流系統。

亞馬遜在全球的履行中心共175處，包括美國110處、歐洲40處、日本15處、其他國家10處。[10] 積極增設履行中心、投資最新科技、針對歐洲倉庫從業人員實施資遣對策、提高基本工資以確保美國員工數量，以及外部物流公司「第三方物流」的營運成本增加等，都是亞馬遜物流費增加的原因。

日本國內也曾發生過雅瑪多運輸（ヤマト運輸）*為了改善員工勞動環境等公司內部問題，決定向亞馬遜提高宅配費用並減少接單總量，相信各位對於相關新聞記憶猶新。[11] 雅瑪多運輸可能從未預料到，這些決定強化了亞馬遜在日本國內建構自家公司物流網的

---

* 在台授權統一速達提供黑貓宅急便服務。

決心。

　　值得注意的是，物流費增加不只受到前述這些成本增加影響，對亞馬遜也並非只有壞處。簡單來說，這是亞馬遜持續投資以提升消費者便利性為目標達成的結果。

　　物流（從下單到配送完成進行有效的計畫、執行與管理）與物流網是亞馬遜的基礎骨幹，實現了迅速、優質的配送服務，也納入前所未有的豐富品項，成功發揮長尾效應──更多相關細節將於第2章詳述，簡單來說，就是銷量小的商品也能透過總量的累積，滿足消費者的需求、達到擴增顧客群的銷售手法。

　　從創業至今，亞馬遜致力於結合軟硬體技術，增設履行中心，提升貨架充實率，縮短下單到配送的時間。持續投資，即使虧損也要優先強化客戶服務的做法，是亞馬遜領先其他電商企業的強項，也是深獲顧客信賴的魅力，使得集團業務日益成長。唯有業務日益成長，亞馬遜才能獲得投資者的青睞，吸引更多資金。

了解亞馬遜的三大重要戰略

　　想要了解亞馬遜的發展現況，一定要提的就是下

列 11 項重點，這不只是電子商務的主軸，也是最重要的戰略。[12]

1. Amazon Prime 會員服務

2. AWS 雲端運算服務

3. 亞馬遜市集

4. Alexa（語音辨識智慧型助理）

5. 亞馬遜裝置（Echo、Fire TV）

6. Prime Video

7. Prime Music

8. Amazon Fashion

9. Whole Foods（2017 年收購的連鎖超市）

10. Amazon Go（無人超商）

11. 印度市場

這些重要戰略不包括直營的零售業務。[13]

Prime、AWS、亞馬遜市集這三大戰略，可說是亞馬遜成長的火車頭，接下來為各位概略說明。

▶重要戰略 ❶ Prime

Amazon Prime 的會員制訂閱服務，以日本為例，只要每月支付 500 日圓或每年支付 4,900 日圓的會費，

就能成為Prime會員，可享「獨家優惠」，無限次享
受當日送達等附加服務，還能使用免費觀看電影的
Prime Video、無限次聆聽超過100萬首歌曲的Prime
Music等服務，優惠內容相當豐富。

　　美國的Prime會員人數截至2018年10～12月為
止，約有1億100萬人，比一年前增加10％，過去三
年人數成長了兩倍。2013年10～12月，Prime會員人
數只有2,600萬人，大約成長了四倍。[14]1億100萬人這
個數字代表，美國人有62％是Amazon Prime會員。[*]

　　Prime會員每年在亞馬遜平均的購物金額為1,400
美元，非Prime會員每年平均購物金額為600美元；
也就是說，Prime會員的平均消費金額是非Prime會員
的2.3倍。[15]日本亞馬遜沒有公布國內的Prime會員人
數，但在2019年4月，每月造訪Amazon.co.jp網站的
人數為5,400萬人。[16]由此推估，Prime會員比例無法
和美國相比。

　　Amazon Prime會費採取訂閱模式，為亞馬遜帶來

---

[*] 2022年4月執行長安迪·賈西（Andy Jassy）發布的〈2021年致股東信〉中，Prime全球會員人數已突破2億人。

持續、穩定的收入，鞏固經營基礎，有助於進一步投資，持續提供新的服務，提升現有服務品質，可說是亞馬遜永續成長的重要戰略。

　　成為Prime會員的顧客，都是亞馬遜的重度使用者，無論是每次的購物數量或金額都很龐大，可說是忠誠度最高的客群。Prime會員的所有資料皆通過驗證，因此擴張Prime會員數量屬於重要戰略首步。[17]

　　話說回來，資深的Prime會員使用Prime Video、Prime Music、Prime Photo等影音服務的頻率很低，讓Prime會員免費使用這些服務，不僅可以提高使用率，還能讓Prime會員體驗Prime服務的整體優點，鼓勵他們繼續訂閱。另一方面，為了吸引新的Prime會員，也從免費使用影音服務與享受購物服務這兩大方向來進行行銷推廣。

　　近來，亞馬遜推出的電視廣告主打影音內容，將定位拉到與網路串流影音平台Netflix（網飛）和Hulu一樣，完全不提Prime購物運送優惠。這一點說明了訴求免費影音服務，對於擴大會員人數是很重要的戰略手段。

　　日本的Prime Video不只播放現有的電視節目和電

影，也與吉本興業、電通成立的 YD Creation 合作，製播連續劇、綜藝節目、動畫等自製節目。

　　由於傳統的電視節目使用限制較多，近年有愈來愈多消費者改用觀看方式更多元、方便的影音串流平台。亞馬遜的做法不僅有助於增加 Prime 會員數，推廣亞馬遜的購物服務，顧客也能訂閱使用或額外購買影音服務，提供消費者更多元的選擇。

▶重要戰略❷ AWS

　　AWS 是亞馬遜 2006 年透過雲端運算為企業提供的 IT 基礎設施服務。這是亞馬遜為了管理自家公司的庫存與配送，進行數據分析，使用最新 IT 技術建構的基礎設施與系統，以網頁服務的形式提供給外部使用者。

　　雲端運算的主要優點之一，是在必要時能以便宜價格享受必要的 IT 資源，包含伺服器容量等 IT 資源。具體來說，企業可將雲端運算服務當自家公司的網路伺服器，更快速地顯示網頁內容，即使網路流量突然暴增也沒問題。

　　使用雲端運算服務後，企業再也不需要從幾週或幾個月前，就規劃或調配伺服器和其他 IT 基礎設施等

軟硬體器材，可以迅速得到成果。雲端運算服務不只是單純的網路硬碟，例如：提供歸檔、整理與共享應用程式、媒體檔案、文件等資料，還提供分析、電腦聯網、行動化、開發者工具、管理工具、物聯網、資安、企業應用等配套工具和服務。

微軟、谷歌和IBM等國際企業也提供雲端運算服務，但亞馬遜的市占率遠勝其他公司，原因不只是亞馬遜較早提供服務、更敏銳觀察到使用者的需求，並且提供豐富的服務選擇。亞馬遜提供先進服務，引進依用量計費的系統，隨著商業規模擴大，成本也逐步降低，每年都能減輕客戶負擔，長期實現了最佳的性價比和便利性。

AWS雲端運算服務有別於零售事業，客戶只要簽約後，公司就可以持續創造營收。簡單來說，AWS是可以持續創造穩定收入的事業，隨著客戶增加，AWS的營收也穩步成長。

▶重要戰略❸ 亞馬遜市集

前文提過，亞馬遜市集的總流通金額占亞馬遜整體的58%，[18]貝佐斯也曾公開表示亞馬遜市集是重要戰

略，最大的理由在於亞馬遜傲視群雄的豐富商品（日本網站有超過數億件商品），很大部分仰賴亞馬遜市集。

亞馬遜直接販售商品時，必須先由負責購買商品的採購人員，與製造商和批發商協議買賣條件，決定販售商品的進價、登錄商品，因應需求調整向廠商訂貨後的入庫日期。

日本亞馬遜各事業體因應商品種類雇用了許多採購人員，但即使雇用了大量的採購人員，對於擴展直營商品數量的效果卻十分有限。

亞馬遜十分擅長系統化，原本就有一套完整的系統，從製造商和批發商買來的商品，都能在亞馬遜系統中登錄商品款式和進貨價。即使如此，亞馬遜得以迅速、有效增加商品數量的主因，還是在於逐漸增加的賣家人數。亞馬遜市集有各式各樣的商品，數量龐大的第三方賣家將自己的商品上架到市集裡，即使沒有專職採購人員，亞馬遜的商品數量依舊不斷增加。

不過，各位絕對不能忘記，亞馬遜深獲顧客信賴的原因，在於直接面對終端消費者的零售事業，這是亞馬遜的強項。為了避免熱銷商品斷貨，零售部門必須事先預估需求（自動預估），考量製造商的出貨

期，訂購適量商品，調整庫存水位（這也是自動調整），不錯失任何成交機會。為了能與其他公司的相同商品競爭，訂定售價時絕對不能比其他公司高（這也是自動調整），讓顧客可以安心購物。

假設亞馬遜沒有自己的零售部門，只有由第三方賣家設定價格與調整庫存的亞馬遜市集，就會嚴重影響顧客購物的便利性，亞馬遜的電商事業也不可能如此蓬勃發展。

第三方賣家愈多，販售相同商品的機率就愈高，但在亞馬遜購物網站內，無論是亞馬遜直營或亞馬遜市集的第三方賣家，都徹底執行「一商品一目錄」的原則（詳情參閱第2章），就是為了避免影響顧客搜尋商品的速度與便利性。

堅持貫徹以顧客為尊的理念，絕對是亞馬遜勝過其他電商通路的強項。

除了包括這三大重要戰略的11項發展重點之外，還有 Amazon Advertisement（廣告事業）、我辭職前一年成立的 Amazon Business（亞馬遜商業，針對企業提供販售採購服務的 B2B 事業）等其他許多服務項目。

亞馬遜只在全球部分國家設立官方網站的原因

在11項重要戰略中，印度是唯一的國家市場。

2019年4月，亞馬遜撤出中國電商市場的新聞令人記憶猶新。[19]收回對中國市場的投資，導致阿里巴巴等競爭對手抬頭。為了避免重蹈覆轍，亞馬遜挹注大量金額投資印度；為了創造規模經濟（擴大企業規模獲得各種經濟效益），亞馬遜不得不虧錢也要投資龐大的印度市場，不畏艱難堅持下去，達到擴大營業額的目標。

儘管亞馬遜不斷成立新事業或併購現有公司，業績表現持續成長，但亞馬遜也有不少失敗的例子。2014年，亞馬遜開發的Fire Phone智慧型手機不受消費者青睞，在該年第三季創下1億7,000萬美元（170億日圓）的鉅額損失，[20]因此2015年便宣布停產。

此外，包括Amazon Auctions拍賣平台、行動支付應用程式Local Register、時尚網站endless.com（日本為Javari.jp）、幫助中小企業成立購物網站的Webstore服務、會員制網購平台MyHabit、團購訂餐服務Amazon Local等，都是亞馬遜投資失利的部分事業。

　　亞馬遜素有接受失敗的文化，公司認為，我們可以從失敗當中學到許多事情，發現失敗立刻停損的決心，也可說是亞馬遜能夠持續開疆拓土的行事特色。儘管從失敗當中學習的學費驚人，但學習到的知識與核心技巧，是未來創造成功事業的重要關鍵。

　　亞馬遜只在全球部分國家／地區成立網站，相信許多人都覺得訝異。*亞馬遜這麼做是有原因的：將自身擅長的商業模式投入適合發展的國家／地區，最大的關鍵是物流。

　　亞馬遜服務的最大特色是：與顧客約定商品送達的日期，並且嚴格遵守承諾，因此不會進軍沒有完整物流體制、無法實現承諾的國家／地區。

亞馬遜日本令人意外的業績

　　接下來，一起回顧亞馬遜日本法人的成長軌跡。

　　為了整合日本國內的商品調配、網站建置、商品販售、貨物配送、收款、退換貨服務等一連串的交易流程，2016年5月合併了當時的亞馬遜日本株式會社

---

* 至2022年底，共有22個國家／地區網站。

與亞馬遜日本物流株式會社，成立了現在的「亞馬遜日本合同會社」。[21]這是在日本登記有案的公司，與其他公司一樣盡繳稅的義務。

亞馬遜日本株式會社原本的客戶是以日本消費者為對象的銷售商Amazon International Sales, Inc.，無論是以前的形態或現在的經營方式，只有少部分服務和系統是由日本獨家開發的，在推廣業務上還是與美國總公司密不可分。

亞馬遜希望在提供服務的所有國家和地區，都能「以相同品質提供相同服務」，所以基本上由美國總公司統籌系統開發事宜。不只是系統開發，最後決策、預算分配、統一企業文化、統一人事制度、財務、法務等後端掌控，也都貫徹以美國總公司為主的企業治理（詳情將於第6章描述。）這是世界級企業亞馬遜的一大特徵，也是其強項。

接著比較日本企業推展海外業務的情形。我在先前的工作經驗中，曾以社長的身分在法國、羅馬尼亞、泰國成立日本企業的海外分公司。無論是製造商或貿易商社，只要關係到銷售，就必須與日本總公司的各商品事業部研擬進貨價格、調整進貨日期，同時

擬定銷售策略。

在建構銷售相關的支援網絡、組織架構、內部系統、培養企業文化等方面，通常日本總公司不會干涉太多，交由海外分公司自行處理。如果是併購而來的企業，更是盡量不插手，不以有效管理為目標介入太深，而是採取無為而治的管理模式。由於這個緣故，有時很難突顯併購的優點。

我是在公司併購法國分公司十年後走馬上任，當時已經連續虧損了十年，公司看不下去了才出手。可惜，之前都任由法國分公司經營，並未有效實施改善對策，無法有效治理，後來出手但為時已晚，最終還是走向清算一途。

相反地，亞馬遜的美國公司治理風格沒有「盡量不插手」這回事，總公司會鉅細靡遺地掌控各國分公司，所有權限都掌握在總公司手中，蒐集所有的情報資訊，基於全球化的優先順序勇於投資。

雖然這個做法可以排除「加拉巴哥化」（在獨立環境中演化出最適合該環境的特性，失去與其他地區的互換性，最終陷入被淘汰的危險），減少疊床架屋的組織層級，是最有效率的經營模式。但是，比起日

系企業，亞馬遜授權各國分公司的權限較少，或許有些人會認為在這樣的外資企業擔任經營高層，一點也不有趣。

與各位分享一個個人小故事，我離開前一份工作三住集團就是因為相同原因。當時，我在泰國分公司擔任社長，統籌四個事業體，原本各事業部的經理應該要向我報告與負責，但總公司決定強化各事業部的全球化體制，海外分公司的經理直接向總公司相對應的事業部主管報告。簡單來說，就是限縮海外分公司社長的職權，打擊經營高層的士氣。

以理來說，總公司的做法是正確的。但如果海外分公司社長的職責，只是管理人事、財務、法務、客服中心、物流中心，執行後勤支援，那真的很無趣。無論是外資或日本企業，有效率的經營與員工的幹勁是一體兩面。

言歸正傳，我們在前文已經看過亞馬遜在全球的整體業績分析，接下來看看亞馬遜日本從2009年到2018年這十年間的營業額變化。

我剛進亞馬遜日本不久，2009年的營業額只有3,000億日圓上下，2018年增至1.5兆日圓左右。2018

日本法人營業額變化表

	2009	2010	2011	2012	2013	2014	2015	2016	2017	2018
日本營業額（百萬美元）	3,186	3,929	5,348	6,478	7,636	7,912	8,264	10,797	11,907	13,829
換算匯率年平均	92.57	86.81	78.84	78.82	96.65	104.85	120.05	109.84	111.19	109.43
日本營業額換算日圓（百萬日圓）	294,944	341,076	421,636	510,596	738,019	829,573	992,093	1,185,942	1,323,939	1,513,307
與日本前一年同期比較%	0.0%	15.6%	23.6%	21.1%	44.5%	12.4%	19.6%	19.5%	11.6%	14.3%
日本營業額比例%	13.0%	11.5%	11.1%	10.6%	10.3%	8.9%	7.7%	7.9%	6.7%	5.9%

年亞馬遜日本的亞馬遜市集總流通金額超過9,000億日圓，[22]根據各媒體推估，亞馬遜直營部門營業額與亞馬遜市集第三方賣家帶來的營業額，加總起來的總流通金額達到2.4～2.7兆日圓。[23]

　　從規模來比較，樂天從幾年前公布的就不只是樂天市場單獨的總流通金額，包含樂天旅遊在內的總流通金額約達3兆4,000億日圓。若以過去公布的樂天市場總流通金額成長率來推估，樂天市場本身的總流通

金額應該是2.4～2.7兆日圓，預估亞馬遜的規模與受惠於高成長率、領先業界的樂天差不多。

　　然而，與北美市場相較，日本電子商務的市場區隔占有率還很低，與前一年比較的成長率遠低於北美和全球市場。2018年日本電子商務規模為17兆9,845億日圓，與整體零售市場64兆871億日圓相較占了6.22％。[24]換算下來，亞馬遜日本電子商務的市場區隔占有率只有8％，美國高達49％。

　　總而言之，日本營業額占全球營業額的比例，從2014年以後跌破10％，2018年只有6％，呈現逐年下降的趨勢。亞馬遜在日本業界的存在感愈來愈低，已是無法否認的事實。

　　隨著日本的宅配網絡愈來愈齊備，包括雅瑪多運輸、佐川急便、日本郵便提供的服務愈來愈多樣化，使得包括樂天市場在內的電商市場進入戰國時代，這也是日本市場區隔占有率的成長率比全球低很多的原因之一。簡單來說，很多公司都能夠提供迅速、確實的配送服務。

　　當一家公司的商業規模跟亞馬遜的一樣大，要持續提供高品質的服務是一件極為困難的事情。對亞馬

遜來說，日本的宅配服務水準太高，Amazon Prime會員和一般會員享受到的配送服務幾乎沒有不同。舉例來說，受到訂購時間影響，Amazon Prime會員享受的當日送達服務，與一般會員享受的一般送達服務，可能只差幾個小時、甚至一天而已。光靠配送時間的特點來吸引Prime會員，對日本人來說似乎沒有太大的說服力，成為會員人數增長的一大阻礙。

　　另一個原因在於，日本人口大多集中在平原地區，包括東京、名古屋、大阪、札幌、福岡等大城市，這些地方有許多超市、超商、藥妝店和量販店，對一般消費者來說，很容易就能買到自己想要的東西。相較於土地遼闊、購物不便人口比例較多的美國，日本顧客大多集中在大城市，亞馬遜的配送速度很難成為競爭優勢。

　　在這樣的商業環境下，訂購後在1～2個小時內送達的Prime Now與販售生鮮食品的亞馬遜生鮮服務，很難在日本複製成功經驗。事實上，從2019年11月起，提供Prime Now服務的區域已經縮減。[25]

亞馬遜日本的成長願景

　　基於全球化戰略，亞馬遜日本也投注許多心力擴大亞馬遜市集的規模。我從 2015 年到 2018 年擔起責任，努力增加第三方賣家的數量。

　　我們的策略很簡單，就是盡可能邀請更多第三方賣家參與亞馬遜市集，擴大銷售規模。為了達到這個目標，我們提供顧客與第三方賣家最便利的購物環境。除了日本境內的賣家之外，我們也吸引鄰國中國賣家加入亞馬遜市集，擴增商品品項。

　　最後，我們達成目標，以便宜的價格提供日本顧客前所未有的高品質商品，日本國內的履行中心也以最迅速的配送速度，讓所有消費者享受到便利的購物體驗。不過，凡事都有一體兩面，由於亞馬遜市集的登錄機制相當簡單，導致不少販售仿冒品的店家混入其中，令人感到遺憾。

　　我們不只擴增商品數量，還提供許多服務項目。舉例來說，為了提升賣家的便利性，我們提供「亞馬遜物流」（Fulfillment by Amazon, FBA）服務，方便第三方賣家將商品放在亞馬遜的履行中心，由亞馬

遜代為配送。我們同時針對自己擁有配送網絡，可將商品迅速送到消費者手上的第三方賣家，提供「亞馬遜市集快速到貨」服務。此外，還擴大了借貸營運資金的「亞馬遜貸款計畫」（Amazon Lending）、幫助初創業者開展事業的「亞馬遜發明家」（Amazon Launchpad）、協助日本賣家將商品銷售至海外的「亞馬遜全球開店」（Amazon Global Selling）等服務。

　　如今，亞馬遜日本仍持續擴增商品數量，改善配送服務，提升顧客便利性，同時強化最有助於增加利潤的亞馬遜市集，投注心力永續經營。

　　儘管日本國內零售市場電商占比較低，但隨著電商規模逐漸擴大，亞馬遜日本仍有許多成長空間。

貝佐斯認為的
「一般標準」是什麼?

具實質意義、不是口頭說說的「顧客中心主義」

接下來,我將以具體實例為各位解說,我學習到的「一般標準」究竟是什麼。首先,為各位介紹亞馬遜在各事業部門貫徹執行的基本理念。

▶亞馬遜的DNA

- 地球上最重視顧客的企業。
- 在網路上創造空間,讓所有人都能搜尋、找到且購買自己想要的商品,同時盡可能以便宜價格提供給所有消費者。

▶ 亞馬遜的 Working Backwards（起點解決法）

從顧客的想法與需求出發，永遠站在顧客的立場思考。

亞馬遜制定了員工的行為規範，稱為「領導方針」（Leadership Principles）。相關內容我將在第5章詳述，此處提出的兩個基本理念，是領導方針與日常工作貫徹的「亞馬遜應該如此」的思維「標準」。

第一個基本理念「成為地球上最重視消費者的企業」，是亞馬遜最重要的經營原則，也是亞馬遜的企業目標、最重要的責任所在。

「從顧客的想法與需求出發，永遠站在顧客的立場思考」，這個過程使得「重視消費者」成為具體準則，也是員工們貫徹的基本理念。

或許，有人一聽到「重視消費者」，就會想到日本在高度經濟成長期盛行的「顧客是神」等怪異的精神論。也許你們公司的牆上，就貼著「以顧客為中心」這類標語。

但精神論在亞馬遜行不通，員工必須將顧客利益視為第一優先，用心研究提供何種服務或建構何種系

統，以實踐重視消費者的理念。相關的實踐教育、文化與決策過程，早已滲透至基層的每一位員工。

接下來，我們來思考「創造可以在網路上搜尋、發現並購買所有東西的空間，盡一切努力以便宜價格提供給消費者」這個理念。

或許很多人認為，提供豐富品項與購買機會，是零售業者應盡的努力。但是，一般零售業者大多以零售業者的立場挑選商品販售，這一點各位一定要牢記。

當上游廠商的庫存過多，零售商就能以便宜價格購入，當成特價品販售。由於廠商給的銷貨折扣率較高，零售商會盡全力銷售這些特價品，這樣的銷售型態只是迎合企業需求，販售店家想賣的商品，在零售與行銷業界中稱為「推式策略」，通常欠缺顧客觀點。

亞馬遜的商店裡網羅了全世界最豐富的品項，可以說「想買什麼，都買得到。」消費者可以輕鬆找到自己想要的商品，也能簡單明瞭地比較同類型商品。亞馬遜的目標就是創造一個以便宜價格購物的網路空間，成為消費者的購物小幫手。

「購物小幫手」是很重要的概念，亞馬遜為了達成這個目標，必須開發更多功能，追求購物的便利

性。例如，利用搜尋和推薦功能，根據不同消費者提供量身打造的資訊，幫助消費者選擇商品。以「顧客本位」的觀點，提升服務品質，追求成熟的服務內容，這就是亞馬遜的商業型態。

　　話說回來，若要提升服務品質，商家應該做什麼？這個問題的答案就在「從顧客的想法與需求出發，永遠站在顧客的立場思考」這個理念。

　　公司內部開會時，如果由我領導的團隊成員提出引進新的支付方式，我會深入追問這樣的問題：「你鎖定的是哪些消費者？」；「為什麼需要新的支付方式？遇到的課題或應改善的地方是否明確？」；「引進後，對消費者有什麼好處？」；「我們該如何了解或調查消費者的需求？」；「你能想像消費者會有什麼樣的體驗嗎？」。提案者（亦即我的團隊成員）也會事先準備好相關答案。

　　如果提案的理由只有利於賣方，例如：「亞馬遜支付的手續費（結帳時商家支付的手續費）較低」，我會直接否決這項提案。如果有利於消費者，我會盡可能快速執行。這就是亞馬遜「一般常見」的判斷標準。

基本理念：貫徹「顧客中心主義」

只用一句話來表達亞馬遜的基本理念，那就是「顧客中心主義」（customer-centric）。從行銷角度來說，一種銷售模式是由販售者主動出擊的「推式策略」，另一種則是找出消費者自主需求的「拉式策略」。亞馬遜內部是以「Working backwards from Customer」（從顧客角度思考）為「基準」，這一點無庸置疑。

具體來說，亞馬遜在哪些地方貫徹「顧客中心主義」的理念呢？

最明顯的地方就是商品的價格設定。一般零售業者會以進貨價加上利潤的方式，決定商品價格。但亞馬遜的訂價機制不同，會先調查相同商品在其他網路商店的價格，再訂定維持低標的價格。由於訂價系統與進貨價脫鉤，變成有些商品必須虧損販售。

亞馬遜選擇以市場最低價為販售標準的原因相當明確，舉例來說，在亞馬遜購買家電製品的顧客，若是知道同樣商品在家電量販店的售價竟然便宜一成，會做何感想？相信顧客一定會覺得「在亞馬遜買東西比較貴」，後悔自己下手太快。

　　亞馬遜的「標準」，是以顧客利益為第一考量，為了避免負面的顧客體驗，才會在訂價時從消費者角度出發。不過在商言商，亞馬遜不可能一直虧損販售，所以也會和廠商斡旋，希望可以拿到和量販店一樣的進貨價。最重要的是「不能讓顧客吃虧」，這個做法讓亞馬遜獲得顧客信賴。

　　網羅最豐富、最多樣化的商品，也可以說是「顧客中心主義」的結果。相信許多讀者都曾聽過「長尾」（Long Tail）這個術語，在亞馬遜所處的網購世界中，也存在著80／20法則——簡單來說，就是20％的熱銷商品，占營業額的80％以上。若將各商品營業

頭部（熱銷商品）與長尾

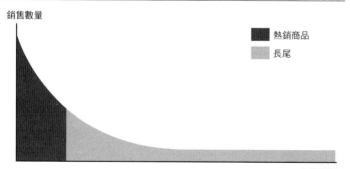

額做成圖表，就會發現營業額占比較小的80％的商品，會拉出一條像恐龍尾巴一樣長長的低曲線，稱為「長尾」。

架上也有一年只賣一個或一個月只賣幾個的商品，將這些商品納入庫存就是「長尾策略」。值得注意的是，這個銷售策略對商家來說成本相當高，原因在於賣不好的商品產生的庫存費用十分龐大。

但正因為架上有豐富的商品，讓顧客產生一種感覺，那就是「只要上亞馬遜網站，一定能找到自己要的商品」，感受到絕佳的顧客體驗。事實上，便宜的價格，並不是亞馬遜最大的強項，顧客中心主義的銷售策略才是。

實體店面會受到賣場面積、貨架面積的限制，販售商品的數量有限。網路商店可以無限制上架商品，實體店面不可能像亞馬遜一樣，網羅幾億件商品（包括亞馬遜市集在內）。

擁有龐大的商品庫存必須花費極大的成本，但是以亞馬遜來說，即使位於長尾末端的商品也會賣完，因此亞馬遜從來不會因為庫存成本的考量，減少商品數量。

亞馬遜總是站在顧客立場，積極網羅最多商品，物流系統也因此變得龐大，同時致力於提升物流系統的效率，想辦法壓低成本。亞馬遜員工的職責就是腦力激盪、花費心思，累積多元經驗。

貝佐斯公開電子郵件地址：jeff@amazon.com

儘管亞馬遜一心追求服務品質周全，終究不可能提供百分之百完美的服務，有時因為一點小錯誤，顧客就會向客服中心投訴。

亞馬遜的客服中心全年無休，隨時都能回應顧客需求。客服中心的窗口在確認顧客狀況後，可以自行決定退貨、換貨，或寄送禮物卡賠罪，以最快的方式處理客訴。因此，無論顧客遇到任何問題，都能在亞馬遜感受到「最快速的服務」，不少原本只是想打電話投訴的顧客，最後都變成亞馬遜的鐵粉。

聆聽顧客心聲，有助於改善亞馬遜的缺點。舉例來說，我在離職前成立了針對企業客戶的B2B業務「亞馬遜商業」（Amazon Business），這項業務的客服窗口必須熟稔企業採購流程、具備特別的知識，因此也特別設立了以企業為目標族群的客服中心。這個特

別成立的客服中心會統整顧客——也就是企業——的意見與需求，訂定優先順序進行改善或擴充功能。

亞馬遜十分重視每一位顧客的聲音，亦即「VOC」（Voice of Customer）。我也會定期開會，聆聽顧客心聲，必要時立刻做出決定，迅速採取行動。

貝佐斯也公開了自己的電子郵件地址：jeff@amazon.com，閱讀顧客的來信。當他遇到顧客提出的問題，需要採取對策因應時，就會在信件開頭加上「？」，轉寄給負責窗口。負責窗口在掌握問題、探究原因後，必須制定緊急對策與長期的因應措施，再發電子郵件給貝佐斯。我在亞馬遜任職的十年間，也遇過幾次與我有關的業務內容，回過幾次信給貝佐斯。

企業經營者與公司高層不只要掌控整體的營運指標，對於第一線——也就是顧客心聲——也必須敏銳處理，這就是亞馬遜的「一般標準」。唯有如此，才能迅速解決問題，掌握第一線方針，成功經營事業。

顧客與客服中心聯絡不一定都是申訴問題，很多時候也會表達感謝和鼓勵的心意。我們會選出具有代表性的心聲，和員工分享，培養員工的自信與忠誠度。

貝佐斯口中的亞馬遜

亞馬遜提倡的「顧客中心主義」並非後來才加上的理想願景，而是從草創期就貫徹的長期戰略。

在進軍日本的三年前，也就是 1997 年，創辦人貝佐斯寫了一封給股東的公開信，信中宣示亞馬遜的企業特色首重「顧客中心主義」。

貝佐斯每年寫給股東的公開信，一定會附上 1997 年寫的這封信。儘管文章很長，因為內容很重要，所以在本章最後全文照登。在此，我先從中摘錄幾項重點，分享給各位。

▶貝佐斯宣示的長期戰略要點

- 把焦點放在顧客身上。
- 不要在意華爾街而做短期利益的投資，應以長期視野進行投資。
- 分析投資效果，從成功與失敗中學習。
- 將現金流最大化。
- 貫徹儉約文化。
- 應考量長期利益、資本管理與企業成長之間的平衡，如今為了擴大與增加商業模式的規模，最重視

成長性。

- 持續致力於錄取優秀員工，給予最多的員工認股權。企業成功與否，取決於公司如何留住有幹勁的優秀員工。

列舉完這些項目後，貝佐斯以「我不知道這值不值得各位投資，但這就是亞馬遜」作為總結。

這封股東信也寄給華爾街投資人，但貝佐斯依舊不改其志，告訴股東「我不會因為在意華爾街的想法而投資」，重點不是股東，而是「要把焦點放在顧客身上」，甚至明講「從成功與失敗中學習」，坦承自己也會失敗。這一點充分展現出貝佐斯的人格特質。

這封信傳達出亞馬遜自創業以來，最重要的「標準」就是顧客中心主義，至今仍貫徹始終。

這封信不只附加在每年寫給股東的信中，有時遇到一些狀況，希望喚起員工初心時，貝佐斯也會在電子郵件附上信中內容。連同我在內的事業領導者，也常在部內會議或凝聚向心力的團隊建立等場合，一起討論貝佐斯的股東公開信內容。

此外，將現金流最大化，將資金投入擴充履行中心，大量投資開發系統以提高便利性，同時要求所有

員工貫徹儉約精神。在公司成長、調整服務品質的
過程中，即使虧損，也要在各商業領域創下高市場區
隔占有率，亦即擴大營業額，創造規模經濟，降低成
本。想要達成這些目標，經營策略上一定要注重成長。

　　大量運用員工認股權（具體內容是 Restricted Stock
Units，亦即「限制性股票單位」，定期將約定好的股
票轉入員工帳戶內）的做法，對員工來說，雖然要花
許多時間才能利用股票賺錢，但能讓許多員工累積財
富，也讓優秀員工願意在公司待得更久，這就是貝佐
斯當初設定的經營戰略方針。

　　順帶一提，亞馬遜的優秀員工都理解「顧客中心
主義」的理念，充分發揮並實踐領導方針，展現出領
導能力（詳細內容請翻閱第 5 章）。本書後文章節中
所說的「優秀員工」，請各位務必理解成「符合亞馬
遜標準」的優秀人才。

　　1997 年的這封公開信，已有二十多年的時間。這
些年來，亞馬遜一直堅定貫徹「顧客中心主義」的核
心戰略，才能創造今日榮景。

貝佐斯1997年致股東信

To our shareholders:

Amazon.com passed many milestones in 1997: by year-end, we had served more than 1.5 million customers, yielding 838% revenue growth to $147.8 million, and extended our market leadership despite aggressive competitive entry.

But this is Day 1 for the Internet and, if we execute well, for Amazon.com. Today, online commerce saves customers money and precious time. Tomorrow, through personalization, online commerce will accelerate the very process of discovery. Amazon.com uses the Internet to create real value for its customers and, by doing so, hopes to create an enduring franchise, even in established and large markets.

We have a window of opportunity as larger players marshal the resources to pursue the online opportunity and as customers, new to purchasing online, are receptive to forming new relationships. The competitive landscape has continued to evolve at a fast pace. Many large players have moved online with credible offerings and have devoted substantial energy and resources to building awareness, traffic, and sales. Our goal is to move quickly to solidify and extend our current position while we begin to pursue the online commerce opportunities in other areas.

We see substantial opportunity in the large markets we are targeting. This strategy is not without risk: it requires serious investment and crisp execution against established franchise leaders.

It's All About the Long Term

We believe that a fundamental measure of our success will be the shareholder value we create over the long term. This value will be a direct result of our ability to extend and solidify our current market leadership position. The stronger our market leadership, the more powerful our economic model. Market leadership can translate directly to higher revenue, higher profitability, greater capital velocity, and correspondingly stronger returns on invested capital.

Our decisions have consistently reflected this focus. We first measure ourselves in terms of the metrics most indicative of our market leadership: customer and revenue growth, the degree to which our customers continue to purchase from us on a repeat basis, and the strength of our brand. We have invested and will continue to invest aggressively to expand and leverage our customer base, brand, and infrastructure as we move to establish an enduring franchise.

Because of our emphasis on the long term, we may make decisions and weigh tradeoffs differently than some companies. Accordingly, we want to share with you our fundamental management and decision-making approach so that you, our shareholders, may confirm that it is consistent with your investment philosophy:

- We will continue to focus relentlessly on our customers.

- We will continue to make <u>investment decisions in light of long-term market leadership considerations</u> rather than short-term profitability considerations or <u>short-term Wall Street reactions.</u>

- We will continue to <u>measure our programs and the effectiveness of our investments analytically,</u> to jettison those that do not provide acceptable returns, and to step up our investment in those that work best. We will continue to <u>learn from both our successes and our failures.</u>

- We will <u>make bold rather than timid investment decisions</u> where we see a sufficient probability of gaining market leadership advantages. Some of these <u>investments will pay off, others will not, and we will have learned another valuable lesson in either case.</u>

- When forced to choose between optimizing the appearance of our GAAP accounting and <u>maximizing the present value of future cash flows, we'll take the cash flows.</u>

- We will share our strategic thought processes with you

when we make bold choices (to the extent competitive pressures allow), so that you may evaluate for yourselves whether we are making rational long-term leadership investments.

- We will <u>work hard to spend wisely and maintain our lean culture.</u> We understand the importance of continually reinforcing a cost-conscious culture, particularly in a business incurring net losses.

- We will balance our focus on growth with emphasis on long-term profitability and capital management. At this stage, we <u>choose to prioritize growth</u> because we believe that <u>scale is central to achieving the potential of our business model.</u>

- We will continue to <u>focus on hiring and retaining versatile and talented employees,</u> and continue to <u>weight their compensation to stock options rather than cash.</u> We know our success will be largely affected by our ability to <u>attract and retain a motivated employee base,</u> each of whom must think like, and therefore must actually be, an owner.

<u>We aren't so bold as to claim that the above is the "right" investment philosophy, but it's ours,</u> and we would be remiss if we weren't clear in the approach we have taken and will continue to take.

With this foundation, we would like to turn to a review

of our business focus, our progress in 1997, and our outlook for the future.

Obsess Over Customers

From the beginning, our focus has been on <u>offering our customers compelling value.</u> We realized that the Web was, and still is, the World Wide Wait. Therefore, we set out to offer customers something they simply could not get any other way, and began serving them with books. We brought them <u>much more selection than was possible in a physical store</u> (our store would now occupy 6 football fields), and presented it in a useful, <u>easy-to-search, and easy-to-browse</u> format in a store open <u>365 days a year, 24 hours a day.</u> We maintained a dogged focus on <u>improving the shopping experience,</u> and in 1997 substantially enhanced our store. We now offer customers gift certificates, 1-ClickSM shopping, and vastly more reviews, content, browsing options, and recommendation features. We <u>dramatically lowered prices, further increasing customer value.</u> Word of mouth remains the most powerful customer acquisition tool we have, and we are grateful for the trust our customers have placed in us. Repeat purchases and word of mouth have combined to make Amazon.com the market leader in online bookselling.

By many measures, Amazon.com came a long way in 1997:

- Sales grew from $15.7 million in 1996 to $147.8 million—an 838% increase.

- Cumulative customer accounts grew from 180,000 to 1,510,000—a 738% increase.

- The percentage of orders from repeat customers grew from over 46% in the fourth quarter of 1996 to over 58% in the same period in 1997.

- In terms of audience reach, per Media Metrix, our Web site went from a rank of 90th to within the top 20.

- We established long-term relationships with many important strategic partners, including America Online, Yahoo!, Excite, Netscape, GeoCities, AltaVista, @Home, and Prodigy.

Infrastructure

During 1997, we worked hard to expand our business infrastructure to support these greatly increased traffic, sales, and service levels:

- Amazon.com's employee base grew from 158 to 614, and we significantly strengthened our management team.

- Distribution center capacity grew from 50,000 to 285,000 square feet, including a 70% expansion of our Seattle facilities and the launch of our second distribution center in Delaware in November.

- Inventories rose to over 200,000 titles at year-end, enabling us to improve availability for our customers.

- Our cash and investment balances at year-end were $125 million, thanks to our initial public offering in May 1997 and our $75 million loan, affording us substantial strategic flexibility.

Our Employees

The past year's success is the product of a talented, smart, hard-working group, and I take great pride in being a part of this team. Setting the bar high in our approach to hiring has been, and will continue to be, the single most important element of Amazon.com's success.

It's not easy to work here (when I interview people I tell them, "You can work long, hard, or smart, but at Amazon.com you can't choose two out of three"), but we are working to build something important, something that matters to our customers, something that we can all tell our grandchildren about. Such things aren't meant to be easy. We are incredibly fortunate to have this group of dedicated employees whose sacrifices and passion build Amazon.com.

Goals for 1998

We are still in the early stages of learning how to bring new value to our customers through Internet commerce and merchandising. <u>Our goal remains to continue to solidify and extend our brand and customer base.</u> This requires sustained investment in systems and infrastructure to support <u>outstanding customer convenience, selection, and service</u> while we grow. We are planning to add music to our product offering, and over time we believe that other products may be prudent investments. We also believe there are significant opportunities to better serve our customers overseas, such as reducing delivery times and better tailoring the customer experience. To be certain, a big part of the challenge for us will lie not in finding new ways to expand our business, but in prioritizing our investments.

We now know vastly more about online commerce than when Amazon.com was founded, but we still have so much to learn. Though we are optimistic, we must remain vigilant and maintain a sense of urgency. The challenges and hurdles we will face to make our long-term vision for Amazon.com a reality are several: aggressive, capable, well-funded competition; considerable growth challenges and execution risk; the risks of product and geographic expansion; and the need for large continuing investments to meet an expanding market opportunity. However, as we've long said, online bookselling, and online commerce in general, should prove to be a very large market, and it's likely that a number of companies will see significant benefit. We feel good about what we've done, and even more excited about what we want to do.

1997 was indeed an incredible year. <u>We at Amazon.com are grateful to our customers for their business and trust,</u> to each other for our hard work, and to our shareholders for their support and encouragement.

Jeffrey P. Bezos
Founder and Chief Executive Officer
Amazon.com, Inc.

重複實行極度簡單的商業模式

貝佐斯在餐巾紙上畫的飛輪圖

關於「貝佐斯餐巾紙」的傳說,至今依舊是IT業界中最令人津津樂道的事情。

貝佐斯在1964年出生於新墨西哥州。普林斯頓大學畢業後,他在紐約金融界擔任基金經理人。辭職後,希望從事網路書店生意,有一天在餐廳和朋友提到自己想做的事業,於是隨手拿起一張餐巾紙,畫了一張圖,說明商業模式的構想。這張圖稱為「Flying Wheel」(飛輪),員工之間以英文暱稱為「Napkin Thingy」(那張餐巾紙),日文暱稱則是「グルグル」(滾動的輪子)。

「那張餐巾紙」以最簡單的圖示與文字,說明了

亞馬遜的商業模式，完全無須多加解說。以事業的
「Growth」（成長）為核心，畫了兩個圓。

貝佐斯的「Flying Wheel」（飛輪），
日本人暱稱為「グルグル」。

　　第一個圓是藉由擴充「Selection」（商品多樣化），
提高「Customer Experience」（顧客體驗），改善顧客
滿意度，增加「Traffic」（來客數），提升網購平台的瀏
覽率。高瀏覽率吸引更多的「Sellers」（賣家），賣家愈
多，商品自然愈多，事業就會繼續「Growth」（成長）。
　　第二個圓是事業成長之後，實現「Lower Cost
Structure」（較低成本結構），以「Lower Prices」（較低
價格）回饋顧客，進一步提升「Customer Experience」
（顧客體驗）。

　　重點是要持續「滾動」。由此可知，前文提到的顧客中心主義與低價策略，是貝佐斯構思成立亞馬遜時就有的商業模式。

　　令人驚訝的是，貝佐斯想出來的「Flying Wheel」（飛輪）概念，從創業至今已經超過二十年了，現在依舊是建構亞馬遜事業的一般「標準」。成長帶來的收益不當成企業利潤，而是優先投資在提升顧客體驗的事物上，這樣的想法也來自這個商業模式。

　　我的前東家三住集團的第二期創業者曾表示，商業的基本是「創造、製作、販售」，簡單明瞭地解釋了深奧的商業模式。員工可以專心致志投入開發產品、製造產品、販售產品這三大要素，持續發展出最適合現狀的模式。任何企業最後可長期執行的都是淺顯易懂的商業模式。

各國的共通點就是「簡單」

　　提升顧客體驗的循環其實很簡單，每個員工只要追求善盡各自職責在這個循環裡相對應的本分，就能專心提升服務品質。若商業模式很複雜，不僅員工難以理解，顧客自然也難理解。

　　考量到每個國家的顧客在亞馬遜追求的體驗與行為模式都是一樣的，我們在世界各國皆根據這個商業模式，建立全球共通的平台與服務。簡單明瞭的商業模式，是促使亞馬遜順利拓展全球通路的重要基礎。

　　順帶一提，前文的手繪圖曾在亞馬遜網站公開發表，但無法確定是不是貝佐斯在二十多年前親手畫的。或許是因為企業與IT業界的歷史還很短，亞馬遜很重視創業時的小故事與傳說，那張餐紙巾就是其中一例。

　　亞馬遜日本總公司大樓裡，有一層是訪客專用的會議室。亞馬遜日本剛成立時，公司內部沒有足夠的場地集合員工開會，於是十位左右的員工改到公司附近的KTV包廂裡開會，會議室走廊的牆上就掛著當時開會的付款收據。

　　不僅如此，據說貝佐斯在車庫創業時，曾拿放在車庫裡的門板當桌子使用，因此西雅圖總部裡還有許多門板桌面的辦公桌。

　　亞馬遜日本總部大樓的會議室天花板，也有以門板為主題的裝潢設計。我相信特製的門板辦公桌一定比普通辦公桌貴，儘管亞馬遜提倡儉約，仍不惜花錢

傳承創業故事，培育重要的企業文化。

提高顧客滿意度的三大支柱

提高顧客滿意度的三大支柱

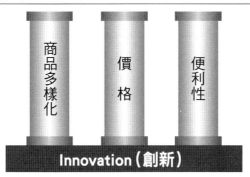

怎麼做才能提供優質的顧客體驗，提高顧客滿意
度？關於這個問題，亞馬遜也有很明確的態度。

1.商品多樣化（Selection）

2.價格（Price）

3.便利性（Convenience）

這就是亞馬遜的三大支柱，充分體現亞馬遜商業
模式「飛輪」的真正含義。透過「創新」有效率地強
化這三大支柱，正是亞馬遜最重要的發展特點。接下
來，我將根據自身經驗為各位逐一解說這三大支柱。

1. 商品多樣化

亞馬遜明白表示自己的目標是「網羅世界上最豐富、多樣化的商品。」

以亞馬遜日本為例，負責直營的零售部門分成五大類，包括：硬體（家電、個人電腦、樂器、文具等）；生活娛樂（運動用品、玩具等）；消耗品（食品、藥妝相關等）；時尚（衣服、鞋子、首飾等）；媒體（書籍、DVD等）。我從2011年到2014年，擔任硬體部門的統籌事業本部長。

事業本部底下依照各細項商品成立事業部，由克盡厥職的員工撐起各事業部的一片天。

「採購」是企業與創造豐富品項關係最密切的職務，必須規劃購買哪些商品，與製造商、大盤商的業務窗口接洽進貨事宜，在亞馬遜稱為「供應商經理」（Vendor Manager）。以實體店鋪的零售店或量販店來說，由於門市面積有限，採購經理必須規劃要在哪個貨架擺放哪些商品，相關職務對零售業來說相當重要。

一般在實體商店常見張貼POP海報，這是向顧客宣傳的廣告工具，註明商品價格與款式等重要賣點。

對亞馬遜來說，如何在網站或應用程式上的商店呈現商品情報便是重要關鍵。亞馬遜的網站編輯稱為「網站採購企劃（Site Merchandiser），負責統籌企劃網站，以及構思商品在網站上的呈現方式。

「客戶經理」（Account Manager）的責任是做好商品分類，讓亞馬遜市集的第三方賣家都在符合的分類裡，而且要增加第三方賣家的數量、擴大商品品項、規劃銷售策略等。

「庫存經理」（Instock Manager）要向製造商或大盤商訂貨，負責管理庫存。儘管現在亞馬遜的自動化程度相當高，由於營業規模龐大，庫存管理部門是維持顧客滿意度、提升庫存效率的重要推手。

「產品經理」（Product Manager）的任務是反映顧客需求，開發設計專屬亞馬遜的流程與功能，提升顧客便利性。舉例來說，當顧客購買冰箱、冷氣等大型家電後，亞馬遜建立了什麼樣的機制、以什麼方式提供配送與安裝服務，就是產品經理的重要任務之一。

在零售直營部門的員工中，與「商品數量」關係最密切的就是採購（供應商經理）。話說回來，擴充商品品項，本來就是採購的重要任務。亞馬遜當初進

軍日本時，在採購商品方面吃了不少苦頭，因為當時許多日本製造商不願意出貨給來路不明的西方企業，所以採購經理花了一番工夫與供應商斡旋交涉，好不容易才建立龐大的供應商名單。

　　我自己也曾親身經歷這樣的過程。為了擴充家電部門的商品，我和日本第一的大型家電製造商磋商了許久，但拿到的進貨價仍比其他的家電量販店還高，商品數量也不夠多，後來好不容易才改善交易條件。當時的日本社會不了解電子商務與亞馬遜，我們就連跟企業高層約時間會面都很難。

　　直到2013年硬體事業本部（當時是由家電、個人電腦組成的十四個事業部），針對家電製造公司等供應商高層，舉辦名為「高層峰會」的事業說明會與聯誼會，才解決了我的困局。那段時期，我的團隊成員持續和供應商保持聯繫，邀請許多來賓參加，才營造出「原來有那麼多公司都跟亞馬遜日本做生意，我也應該跟進」的氛圍。

　　如今，亞馬遜擁有強大的集客力與銷售力，日本國內製造商對亞馬遜的向心力也愈來愈大。此外，亞馬遜的自動化十分全面，以供應商為例，即使經理沒

有一一拜訪交涉，只要廠商願意將商品賣給亞馬遜，就能在供應商系統登錄自己的資料。藉由擴大事業與創新提高效率、降低成本，可以說是亞馬遜最典型的方法。

遇到銷售成長期，亞馬遜不會優先考量利潤和成本，而是繼續擴充商品品項，這也是亞馬遜的經營戰略。

以家電業界為例，包括山田電機、友都八喜、Bic Camera在內的大型量販店，都販售許多商品。位居龍頭的量販店在2000年代初期，早已創下超過1兆日圓的營業額。基本上，進貨數量愈多，成本價就會愈低，這是業界規矩。所以照理說，亞馬遜日本當時才剛成立，應該沒辦法拿到跟量販店一樣的成本價。

即使在如此艱難的經營條件下，亞馬遜依舊堅持商業模式的理念，以商品數量凌駕量販店龍頭為目標。為了創造規模經濟，即使虧損，也要以跟其他商家同樣的價格販售。亞馬遜貫徹這樣的銷售策略，逐漸向製造商與大盤商展現出驚人的顧客向心力和銷售力。

就在亞馬遜的經營策略上軌道、在日本市場站穩腳步之際，零售業界開始注意到「展示廳現象」（showrooming）——消費者先在家電量販店等實體店

面確認好商品，再上網購買同一款商品的現象。當時有愈來愈多的消費者，選擇先在實體店面看好商品，再上亞馬遜購買。

隨著展示廳現象愈來愈普及，有一段時間導致亞馬遜和量販店產生明顯競爭，供應商為了確保自己的銷售通路（販售商品的場所與途徑），甚至表明不出貨給亞馬遜。後來，亞馬遜的來客數日益增加，成為有價值的銷售通路，才化解了這樣的危機。

亞馬遜豐富的商品品項，是亞馬遜市集的成功關鍵，千萬不要忽略這一點。

「賣家服務事業本部」是負責管理與營運整個亞馬遜市集的部門，我從 2014 年就擔任此部門的事業本部長，一直到 2017 年。如今，參與亞馬遜市集的賣家達數十萬間店（包括十五萬家以上的中小企業），[26] 上架商品高達數億件。我擔任事業本部長的三年期間，不斷擴充亞馬遜市集的規模，不只日本國內的賣家，也鼓勵歐洲、亞洲與中國等地的賣家參與日本的亞馬遜市集，增加日本消費者的商品選擇性。

除了一般常見的網購商品，顧客也可以在亞馬遜輕鬆購入各種產品與服務，包括二手車、婚顧服務、

打掃服務、墓園管理、安排和尚辦法事等。

▶重要商品

雖說亞馬遜的目標是商品豐富、多樣化，但還是要考量商品特性，分成幾個類別。

舉例來說，顧客需求較高的商品屬於「重要商品」。亞馬遜建立了一個機制，在倉庫裡儲備重要商品，以最快的速度出貨，這個機制稱為「Fast Track」（快軌）。

通常，零售店的採購會根據自己與製造商的磋商狀況和經驗，以及過去的數據預測商品的銷售量，以此管理庫存數量。

商品在網站上的瀏覽次數一般稱為「頁面瀏覽次數」（pageview），亞馬遜內部使用「Glance View」（產品詳細資訊頁面瀏覽量）這個名詞。只要顧客瀏覽某項商品的次數變多，亞馬遜的系統就會自動下單給廠商，增加庫存量。

重要性較高的商品在過去稱為「形象商品」，為了避免形象商品斷貨，通常會放在倉庫裡容易拿取的下層貨架，優化撿貨過程，貫徹快速出貨的服務。這

也是為了給顧客留下「亞馬遜商品物美價廉，隨時有貨，而且送貨速度快」的良好印象所執行的策略。

▶長尾商品

如前文所述，即使是銷售不佳的商品，也會維持基本庫存的長尾思考，並不適合賣場面積與貨架數量有限的實體店鋪。

亞馬遜是電商，沒有實體店鋪貨架數量的限制。無論是不再販售的型號、大型商品、小眾市場商品、第一次上市的品牌商品、小作坊類產品、海外限定販售商品等，都是亞馬遜的長尾商品，品項範圍非常豐富、多元。

至於亞馬遜考量是否保有商品庫存的邏輯與判斷方式十分複雜，本書便不多做說明。不過，簡單來說，亞馬遜有許多只剩一件的商品，或是已經賣完、沒有庫存的商品，但只要產品詳細資訊頁面瀏覽量增加，亞馬遜發現該項商品的需求變高，便會自動訂貨，備妥庫存量。若某項商品在一段期間內都沒有賣出，亞馬遜就會自動降價，遵循零售業界的慣例，打入「降價促銷」的行列。

網羅大量多樣化的商品、盡可能維持庫存，可以因應眾多顧客的需求，讓愈來愈多消費者產生「只要上亞馬遜，就能買齊自己想要的商品，而且很快就會寄到我手中」這樣的印象。這種經營策略可以提升顧客滿意度，增加會員登入次數、活躍用戶（定期購買的會員）、購物頻率、購買數量，提升整體的銷售數量與營業額，促進事業成長。這就是亞馬遜重複實行的極度簡單的商業模式。

▶價格戰略商品

亞馬遜的價格戰略商品並非採取單純的低價策略，而是帶有擴大自有品牌（Private Brand）的戰略意義，以盡可能低廉的價格，提供亞馬遜認可的高品質商品。

綜觀亞馬遜的自有品牌，「Amazon Basics」以低價提供高品質的五金用品、線材、電池、包包、辦公室用品等各類商品。「Happy Belly」則是嚴選礦泉水、米等飲料食品的自營品牌。「Mama Bear」販售紙尿布等育兒用品。「Wag」則與製造商共同開發寵物墊、貓砂等寵物用品。「Solimo」主攻每天都需要的

日常食品與日用品，包括咖啡包、維他命等。

　　亞馬遜投入許多心力開發自有品牌，同時擴充販售的商品數量。亞馬遜做好商品企劃後，直接向製造商下單進貨，跳過中間商，達到降低成本的目標。

2. 價格

　　凡是相同商品都要與市面上的商品價格比較，以最便宜的價格提供給顧客，這是亞馬遜自創業初期就有的經營理念。

　　我剛進公司的時候，負責採購商品的窗口必須手動設定商品售價，如今透過系統革新，已經做到完全自動化的價格設定。價格設定是做生意最重要的一環，透過自動化設定，在龐大商品品項的經營條件下，只須最低限度的採購人員就能管理商品，這就是亞馬遜能夠省下人事費用，還能夠提供低價商品的原因。

　　亞馬遜的系統是由機器人在網路上搜尋，確認其他競爭對手的商品價格，再調整自家網站的價格設定。這套設定方式已經成為現在的主流，市面上也能夠買到專用軟體，但亞馬遜從很久以前就執行獨自開發的系統。

這類機制稱為「低價保證」（Price Match），雖然礙於商業倫理，無法詳細說明，但可以說個概要。簡單來說，就是機器人會定期上網，前往競爭對手的網站，搜尋各類別商品價格，再反映在亞馬遜的價格設定上。

當初在設計系統時，就已經考量過是否含運費、如有庫存是否可以立刻出貨等細節。儘管等級不同，但如今許多電商都使用類似的系統，因此有些網路商店為了避免彼此的機器人爭相降價、引起惡性競爭，或是為了避免其他公司跑來確認價格，會封鎖特定IP位址。

一般來說，零售店會針對公司倒閉貨、停產商品等特殊條件購入便宜貨品，在傳單上主打這些低價商品，吸引消費者上門。消費者上門後，還有其他利潤較高的商品會一併陳列，這樣店家就能夠平衡利潤。幾乎所有零售店，都會貫徹這樣的「產品組合」的銷售模式。

由於亞馬遜對於所有自家直接販售的商品，都設定在其他競爭公司的最低價，不難理解貫徹最低價策略的亞馬遜自然很難比對手多賺到錢。

　　但是，這樣的做法有個好處：亞馬遜持續標榜自家商品價格等於其他公司商品最低價的特色，讓消費者產生「我不需要到其他店家比價」的印象，可以取得顧客信賴，增加來客數。如此一來，就可以透過規模經濟降低進貨與流通成本，這就是「飛輪」宣示的經營理念，成為亞馬遜低價戰略的基礎。

　　不過，由於亞馬遜堅持低價的「標準」，使得有些商品無法改善成本結構，公司沒有利潤，直營部門只好放棄進貨，愈來愈仰賴亞馬遜市集的第三方賣家將商品賣給顧客。諸如此類以「顧客中心主義」的理念在商品價格上遭遇到的瓶頸，是亞馬遜必須面對的經營課題。

3. 便利性

　　豐富多樣化的商品、低價、便利性形成三位一體，成為亞馬遜的強項。接下來，我要舉幾個具體實例，說明亞馬遜追求廣泛「便利性」的重點。

　　首先，就是對配送速度與品質的要求。亞馬遜日本為顧客準備了快速配送的「當日送達」與「加速宅急便配送」服務，還有針對某些地區與商品提供的

「Prime Now」到貨服務，只要是Prime會員都能享受這項服務，最快兩小時（一小時以內須額外付費）就能拿到商品。

光亞馬遜日本就有幾億件商品庫存（包括亞馬遜市集的在內），雖然不可能讓所有商品都享受快速的物流服務，但其中幾千萬件商品早已達到當天或隔天到貨的服務水準。目前，日本國內共有16處亞馬遜獨有的配送系統「履行中心」，為了不辜負顧客的信賴，公司堅持建構迅速的物流體系。

遺憾的是，隨著販售商品的數量與訂購件數激增，已超過委外的物流業者可以負擔的程度，導致配送速度比過去慢（必須提早當日送達的最終訂購時間），這是不爭的事實。儘管如此，正因為亞馬遜追求便利性，才能將數量龐大的商品在當天或第二天送達選擇快速到貨的顧客手中。

在亞馬遜選擇商品後，各位是否發現在「新增到購物車」和「立即購買」等按鍵旁，還有一段顯示時間的文字，例如：「只要在15小時11分鐘內完成訂購，就會在8月25日星期日（隔日）送達」？

這是亞馬遜內部所稱的「倒數計時器」系統。由

於亞馬遜販售的商品數量龐大，物流量自然非常驚人。要在這樣的情況下，即時確認包括隔天在內的配送時間、設定時限，不是一件簡單的事情。這一點，也是亞馬遜比其他網路商店更具優勢之處。

2013年，佐川急便縮減了亞馬遜商品的配送規模。[27]雖然有雅瑪多運輸和日本郵便協助維持高品質的配送服務，但隨著亞馬遜的流通量愈來愈大，光靠大型宅配業者也難以消化。在此現況下，亞馬遜除了與各地物流業者合作，推動「配送供應商」（Delivery Provider，詳見第4章），也導入全新的「亞馬遜彈性快遞服務」（Amazon Flex）機制，直接委託個人開著私家車運送商品，推動物流自有化策略。

除此之外，強化商品從各地區配送中心運送到顧客手上這段過程的「最後一哩路」（詳見第4章），也是為了維持並改善具有便利性的配送速度。

關於便利性的第二個重點，就是「搜尋的容易度」。在亞馬遜搜尋商品，每個商品頁面只有一項商品，若有兩個以上的業者販售相同商品，就會在旁邊顯示賣家與最低價格，例如「新品（83）￥936起」，提供顧客點選。網站會以另開視窗的方式，顯示每個

賣家的價格。

這就是「單一商品詳情頁面」（Single Detail Page），也是亞馬遜品目錄的「標準」。總而言之，只要是與該項商品有關的詳細說明頁面或目錄，無論有多少賣家販售相同商品，亞馬遜都堅持一個網頁中只介紹一項商品。

至於商品細節的說明內容，目錄的版型也是由亞馬遜精心設計而成。雖然拿出來舉例有點不好意思，而且聽說對方也著手改善，但各位若在樂天市場輸入具體的商品名稱進行搜尋，會直接列出許多販售相同商品的賣家商品頁面連結。

點進去賣家的商品頁面之後，各賣家呈現出來的行文風格與內容也截然不同，明明是同一項商品，顧客卻很難找到可以準確介紹自己想購買的商品有何特色的網頁內容。「單一商品詳情頁面」讓搜尋商品更輕鬆，這也是許多顧客選擇亞馬遜的原因。

由於顧客通常會向亞馬遜推薦的賣家購買商品，如果從單一商品詳情頁面點進賣家一覽表，假設這款商品有50個賣家在賣，亞馬遜就會為這50個賣家排列優先順序。對顧客來說，價格是他們選擇賣家的最重

要標準，亞馬遜會連同運費一起計算排序，顯示出含運費的價格順序。

亞馬遜的直營價格通常都含運費，如果是亞馬遜市集的第三方賣家，有些會另外計算運費。賣家一覽表不只顯示商品售價，也顯示包含運費在內的總額，讓顧客一眼看出「哪家比較便宜」。如果賣家價格較便宜，有庫存又能迅速配送，而且獲得許多顧客好評，即使是亞馬遜直營也有的商品，都會以最低價為排序關鍵字，將售價最便宜的賣家列在第一位，這樣的「標準」正是顧客中心主義的精髓。

以前許多顧客會上網比價搜尋最便宜的購物網站，並在那裡購買商品；如今他們完全不比價，直接在亞馬遜購買。這代表顧客知道，只要善用單一商品詳情頁面，就能從包括亞馬遜直營在內的許多賣家中，找到價格與出貨時間最符合自己需求的賣家直接訂購，可以放心在亞馬遜購物。前文提及的低價策略、配送速度與對亞馬遜品質的信賴，以及簡單明瞭的單一商品詳情頁面，都改變了顧客的購買行為。

簡單易懂的商品目錄，也有助於提升顧客的便利性。單一商品詳情頁面格式與商品圖片背景全以白色

統一，去除多餘背景。這個做法的好處在於，無論顧客搜尋哪個類別的商品，都能立刻確認商品。品牌名稱、價格、商品款式等資訊，也都顯示在固定位置，可以避免漏看錯過的情形。在每個賣家的商品頁面格式都不一樣的情形下，若是顏色尺寸較多的商品，顧客很容易選錯商品，增加困擾和後續的麻煩。

亞馬遜也是第一個在電商採用客戶評價機制的公司，完整刊載顧客感想，不刻意排除批評的留言。其實，這個做法在剛實施的時候，意見相當兩極。從廠商的立場來看，負評可能影響商品形象、減少銷售量，所以亞馬遜遭到質疑「為什麼要在頁面上刊載負評？」

無論如何，亞馬遜的「標準」是以顧客體驗為優先，而商品售出後的客戶評價已是網路商店的基本功能設定。充分多元的客戶評價，是顧客在選擇商品時公平公正的參考資料，有助於提升顧客的便利性，連帶提高賣家的信賴感。

亞馬遜的服務徹底追求顧客的便利性，若要一一細數，恐怕列舉不完。以支付方式來說，顧客可以選擇信用卡、超商取貨付款、ATM、網路銀行、電子錢包支付、宅配代收、行動電話支付等，支付選項相當

多元便利。根據顧客過去的搜尋與購買紀錄進行個人化（客製化）顯示與商品推薦等功能，也是為了追求便利性開發出來的。

追求顧客便利性的挑戰，不受限於傳統電商的框架。2015 年推出的「一鍵下單」（Amazon Dash）就是劃時代的購物機制，在當時掀起熱烈討論。「一鍵下單」包含幾個購物機制，其中最受矚目的就是「一鍵購物鈕」（Dash Button）的實體專用下單裝置。

這款專用裝置是方便顧客訂購自己愛用的日用品，例如：廚房紙巾或清潔劑等，只要按下按鈕就完成訂購，亞馬遜會自動將商品寄到消費者手上。而且按下按鈕後，在商品送到之前，無論顧客再度按下多少次按鈕，都不會完成訂購，可以避免重複訂購的問題。裝置售價為 500 日圓左右，但第一次使用按鈕訂購可享優惠，等於裝置本身不用錢。

「在亞馬遜輕鬆購入日常用品」是這項購物機制的設計用意，帶來卓越的顧客體驗，希望藉此抓住顧客。雖然「一鍵購物鈕」的業績成長，透過智慧音箱「Echo」的語音訂購服務「Alexa 聲控購物」（Alexa Shopping）實現了購物行為的進化。2019 年 3 月，「一

鍵購物鈕」完成了階段性的任務，亞馬遜宣布停止販
售，服務型態也進化到下一個階段。*

　　2015年開始上線的「Amazon Pay」也很特別，凡
是擁有亞馬遜帳號的消費者，即使在非亞馬遜的購物
網站購物，也無須逐一輸入姓名、住址等資料，或是
註冊登入成為該網站會員，最快只要按下兩次按鈕就
能結帳，簡化繁雜的購物步驟。更棒的是，有些商品
就算不是在亞馬遜購買，也能享受亞馬遜點數的回饋。

　　隔年，樂天市場導入了這項結帳服務。之後，市
面上也出現了各種結帳服務，對網購業者來說，電子
支付成為信用卡付款之外，一定要具備的支付選項。

　　讓其他網購平台使用Amazon Pay，將亞馬遜
的顧客送到其他競爭對手手中，可說是一種培養敵
人的行為。事實上，像愛迪達（Adidas）、安托華
（Autobacs）等公司也都自營購物網站，但他們還是會
在亞馬遜市集開店，像這樣的賣家很多。顧客在亞馬
遜上購買，當然對亞馬遜比較有利，但消費者不可能
只在亞馬遜上買東西，考量到顧客的便利性，讓顧客

---

* 2020年已正式終止相關服務。

利用亞馬遜帳號輕鬆結帳的服務，便顯得更有意義。
這可以說是以「顧客中心主義」的經營理念所開發出
來的高便利性服務。

　　順帶一提，在全球的亞馬遜事業中，只有日本採
用「紅利點數制度」。亞馬遜早已公開表示「從未考
慮過與其他公司競爭的事情」，但事實上，亞馬遜會
仔細分析其他的競爭對手，找出自家服務有待解決的
課題積極改善。公司內部有一個專門的 Benchmarking
標竿管理部門，會從其他競爭公司訂購商品，觀察配
送速度與其他服務，根據重要項目長期調查。

　　樂天實施的「紅利點數制度」，是日本網購用戶
早已習慣的服務。亞馬遜日本之所以採用這個制度，
是為了在日本特有的環境中充分發揮亞馬遜的強項，
與樂天市場抗衡。亞馬遜發現，樂天市場的紅利點數
制度，不僅培養出顧客忠誠度，可在樂天經濟圈裡使
用紅利點數的特性，對消費者來說相當方便。

　　不過，就算是亞馬遜直營商品，也會因為製造商
不同，有些有紅利點數，有些沒有。此外，亞馬遜不
強制亞馬遜平台的第三方賣家一定要給顧客紅利點
數，因此在亞馬遜購物的顧客，享受紅利點數回饋的

狀況各有不同。樂天是所有商家都設定相同的紅利點
數，這是兩者之間最大的不同。

另一方面，在樂天市場，若不勾選不寄送電子郵
件的選項，只要買過一次東西，就會一直收到商家寄
來的廣告信。在亞馬遜，亞馬遜市集的賣家不會直接
寄送電子郵件給顧客。亞馬遜經過縝密思考，分析過
廣告信的效果和顧客的便利性，透過演算法寄送有效
信件，一週只會發幾封而已。從顧客立場思考便利性
控制發信量，避免商家單方面傳送過多資訊。

此外，超商取貨付款也是日本特有的付款機制。
相較於歐美國家人士習慣使用信用卡，基於個資外洩
的疑慮、學生沒有信用卡等現狀，很多日本人選擇使
用現金結帳，因此超商取貨付款是很方便的選擇。

「創新」是亞馬遜三大基本戰略的重心

亞馬遜經常使用「Fundamental」這個詞彙，意
思是「根基；基本；根本上」，這也是我最常用的用
語之一。舉例來說，當團隊成員向我提出新的專案，
我覺得他想得太複雜，或是不符合亞馬遜的商業模式
時，我都會問：「這項企劃的 fundamental 是什麼？」

　　在大多數情況下，「Fundamental」指的是商品多樣化、價格與便利性，也就是亞馬遜的三大基本戰略。在基本戰略底下的是「創新」，技術革新之意，但嶄新的切入點或概念的發想也是創新的種類之一。

　　我在闡述三大基本戰略時曾經說過，在管理庫存或向廠商下單等方面，這些行政作業幾乎都已自動化，而且並不是賣多少就訂多少這種簡單的機制，而是根據過去的銷售數據與季節因素等條件預測需求，算出最適當的庫存數量，自動向供應商下單。

　　此外，就連價格設定也採行自動化。舉例來說，遇到天候不佳等異常因素下修需求量，導致庫存過多時，系統就會自動降價促銷，以低價促進買氣。

　　在廠商的管理上，也逐漸朝自動化邁進。亞馬遜開發出一套供應商系統，名為「Vendor Central」，[28]讓個別供應商管理來自亞馬遜的訂單或分配庫存，進行商品管理。

　　提供運用IT技術寫成的系統，省去供應商窗口與亞馬遜採購見面交涉的時間與程序，對供應商來說，也能大幅降低人事與促銷費用。

　　有些廠商的客戶是遍及全國的量販店與超市，他

們聘請的業務員高達數百人。在亞馬遜只須配置一到兩名業務員，就能銷售日本全國，效率相當高。

Vendor Central系統提供供應商的資料都頗具價值，[29]包括每週各類別與商品品項的銷售數字變化、庫存數量的增減、錯失機會的增減（瀏覽商品卻沒買的顧客比例）等，供應商隨時都能確認查核。

在進貨、庫存、配送等電子商務的各個階段中，亞馬遜以壓倒性的技術實力推動IT化（自動化），積極引進顛覆電子商務概念的創新服務，一開始的客戶評價就是一個最好的例子。

亞馬遜之所以能與競爭對手提供的服務拉大差距，關鍵就在於不斷創新。

第4章 亞馬遜的強項

亞馬遜的強項是什麼？

在前文的章節中，我透過企業的基本理念與長期戰略，向各位介紹亞馬遜的服務概要。本章將針對幾項重點，說明亞馬遜提供的服務，如何變成許多顧客生活中不可或缺的一部分，成為亞馬遜的「強項」。

轉移至亞馬遜市集

前文說過，亞馬遜日本的商品數量高達幾億件，若是從商品數量來看，大部分商品都來自亞馬遜市集。亞馬遜標榜「地球上最豐富、多樣化的商品」，是亞馬遜市集成功與成長的最大動力。

不過，亞馬遜的顧客通常不會認為「我是在『亞

馬遜市集』買東西，不是在亞馬遜。」大多數亞馬遜市集的賣家都透過「亞馬遜物流」送貨，這是由亞馬遜協助顧客處理倉儲與配送的服務。從顧客的角度來看，我在亞馬遜網站購入的商品，放在與亞馬遜直營商品相同的箱子裡，享受同樣的配送速度與品質，還能享有免運費的優惠。

亞馬遜剛開始推出亞馬遜市集服務、邀請第三方賣家參與時，最大的擔憂在於是否可以維持亞馬遜堅持的配送品質與低價策略。話說回來，第三方賣家可以輕鬆利用亞馬遜物流，單一商品詳情頁面又能讓賣家之間的價格競爭白熱化，提升了整個亞馬遜市集的服務水準。亞馬遜不滿足於現狀，成功提升了「標準」。

亞馬遜從亞馬遜市集獲得的收益包括固定的出貨費，以及每次買賣都可抽成的8％～15％手續費。[30]以亞馬遜直接進貨販售的商品為例，有些商品很難確保賺取10％的毛利，但這些商品如果是由第三方賣家在亞馬遜市集上架，價格是對方設定的。此時，賣出相同商品，不管第三方賣家可以賺多少，亞馬遜都能賺取手續費。

說到價格設定，亞馬遜的直營商品會配合競爭對

手訂定最便宜的售價。簡單來說，直營商品可以控制價格；從法律層面來看，亞馬遜不能控制第三方賣家的商品訂價。第三方賣家互相競爭時，自然會設定最好的價格，這就是所謂的價格優化作用。方便第三方賣家管理出貨的「Seller Central」系統，也會配合競爭對手的售價，建議販售價格。雖然不能保證第三方賣家一定會接受建議，但亞馬遜推動各種政策，盡可能做到提升亞馬遜整體的「標準」。基本上，無論是亞馬遜直營或亞馬遜市集的第三方賣家，都能讓顧客享受到同樣的價格與配送速度。

　　需求較高的重要商品由亞馬遜直營，長尾商品則在亞馬遜市集擴大規模。當然，亞馬遜市集的商品在價格、配送、退貨、客服上，也維持亞馬遜要求的品質。

　　亞馬遜最大的強項就是，提供顧客亞馬遜直營與亞馬遜市集的混合服務。至於在樂天市場，百分之百都是由相當於亞馬遜市集第三方賣家販售商品，大型量販店等的品牌旗艦店幾乎全部都是公司直營。

針對仿冒品與獨占禁止法的因應對策

　　近來，美國亞馬遜的零售自營部門宣布，直接

向擁有品牌的製造商，也就是「品牌擁有者」（Brand Owner）接洽，[31] 將重要商品供應給自營部門，其他則由亞馬遜市集販售。品牌擁有者常常上亞馬遜市集，檢查其他業者在市集販售的自家商品，他們有權舉報並下架仿冒品。

愈來愈多的黑心賣家在亞馬遜市集販售仿冒品，這是亞馬遜推動商品多樣化策略與亞馬遜市集的成長戰略無可避免的副作用。亞馬遜積極著手處理這類問題，強化機制驅逐入侵亞馬遜市集的黑心賣家，讓他們無法登錄成為新會員。與品牌擁有者強化關係，可以有效禁止仿冒品流通。

說到仿冒品，很多人會聯想到中國賣家。事實上，亞馬遜日本的亞馬遜市集有許多中國賣家，絕大多數都是優質賣家，提供顧客最好的商品，與購入低價商品的機會。儘管如此，我也不否認其中參雜著素行不良的黑心業者。

亞馬遜面臨的議題，不只是打擊仿冒品。從獨占禁止法的觀點來看，亞馬遜不能要求亞馬遜市集的第三方賣家在設定商品價格時，必須與其他購物網站的訂價相同。中國針對海外顧客開設的購物網站「全球

速賣通」（AliExpress）上販售的商品，竟然以高出數倍的價格在亞馬遜市集販售，這個現象著實令人遺憾。

　　在美國，亞馬遜可以要求第三方賣家設定相同價格。亞馬遜日本當初也和美國總部一樣，要求賣家必須以在其他平台上販售的價格在市集上架，這是為了保障顧客，讓他們在亞馬遜買到價格公道的商品。後來，亞馬遜日本的業績急速成長，被公平交易委員會盯上，命令亞馬遜日本停止這項做法。[32]

　　原則上，亞馬遜的商業模式全世界都一樣，但因為進軍的國家太多，國情各有不同，難免受到影響。亞馬遜既要追求顧客的便利性，也要遵守各國法律和國情，亞馬遜日本的遭遇可說是兩者兼顧、不得不妥協的範例。

獨特商品與擴大販售的摸索之路

　　亞馬遜日本在2002年開始推出亞馬遜市集服務，如今亞馬遜市集的營業額占全球總流通金額的58%。[33]貝佐斯在2016年的年度決算報告書（年報）中，明確宣示亞馬遜最重視 Prime、AWS 與亞馬遜市集等三大戰略，這一點我已在前文的章節中說過，今後亞馬遜

一定會繼續擴大亞馬遜市集的規模。

　　第三方賣家選擇亞馬遜市集，是因為它特有的魅力與便利性。無論是新賣家的登錄方法、「Seller Central」販售管理工具的功能性與便利性、亞馬遜履行中心協助處理配送服務、提供營運資金的「亞馬遜貸款計畫」放款系統，以及協助賣家跨足海外的「亞馬遜全球開店」、低價提供且促進銷售的「站內廣告」（Amazon Sponsored Products）投放系統等，都可以看出亞馬遜堅定支持第三方賣家的決心。這一點使得賣家可以享受到更大的便利性與更多的好處，亞馬遜特有的創新不斷累積而成的服務也愈趨完美。

　　雖然有許多中小企業在亞馬遜市集販售商品，但也有不少大型零售商共襄盛舉。以日本為例，成城石井、高島屋、Bic Camera與上新電機等企業都參與了亞馬遜市集，販售許多商品。儘管他們與亞馬遜本是競爭關係，但加入亞馬遜市集，可以將自己的商品賣給過去無法觸及的亞馬遜目標客層，還能取得最尖端的電商實戰經驗，學習各種知識技術。為了達到這個目的，他們會好好利用亞馬遜，並且繼續使用亞馬遜的服務。當然，不免有企業將亞馬遜視為競爭對手，

說什麼也不肯在亞馬遜市集開店。

　　從亞馬遜市集的賣家立場來看，亞馬遜市集不像樂天市場，以在購物中心開店的概念經營賣場，無法透過廣告信（電子郵件）吸引顧客到自家賣場購物。亞馬遜市集是以一個個商品為主體，在單一商品詳情頁面與其他賣家競爭最優價格（包括亞馬遜直營部門），賣家若想賣出更多商品，就必須強化價格、出貨日等服務基礎。不僅如此，還要加強商品獨特性，也就是其他公司沒有、獨一無二的商品，摸索出增加銷量的方法。

亞馬遜夢想：商店街老闆的成功故事

　　亞馬遜貫徹「顧客中心主義」的理念，某種程度上，亞馬遜市集的賣家也是亞馬遜的顧客，因此必須認真提升對於這些賣家的服務水準。事實上，負責管理亞馬遜市集的賣家服務事業本部，也想方設法提升既為顧客、也是事業夥伴的第三方賣家的營業額。

　　第三方賣家只要支付固定的銷售手續費，就能向日本國內數千萬名顧客銷售自家商品，而且行銷與配送業務也由亞馬遜一手包辦，賣家可以全心投入在商

品開發、商品調配等業務上。對大型賣家來說，亞馬遜是不可忽視的「賣場」；對中小企業來說，只要方法對了，也能透過亞馬遜市集與大企業一較高下，可以說是公平的商業機制。

日本的亞馬遜市集有許多中國賣家，日本賣家進軍歐美時，只要善用亞馬遜與亞馬遜市集的服務，就能大幅降低庫存與流通等各種初期投資。

日本現正飽受地方經濟衰退的苦果，原本燈火通明的商店街，如今門可羅雀、甚至關門大吉的例子不在少數。在此現況中，仍有商店街的老闆在亞馬遜市集開店，結果大受歡迎，在關了門的店舖中忙著選定商品企劃，執行管理業務。這些代表「亞馬遜夢想」的成功故事所在多有。

2019 年 8 月 15 日的「Amazon 部落格 Day one」，介紹了一家位於兵庫縣丹波市的老字號酒鋪，因為受到豪雨造成的土石流災害，開始在亞馬遜開店，運用亞馬遜物流、客戶評價等功能重新奮起的故事。[34]

2019 年 8 月 29 日介紹的是新潟縣燕三條市某間瀕臨倒閉的店家，從 2007 年開始在亞馬遜開店，成功轉換事業跑道的案例。戶外用品公司成立了自有品牌，

利用亞馬遜物流賣出更多商品，如今不只在日本販售，更行銷全世界。

在我負責統籌亞馬遜市集的時期，「亞馬遜故事」介紹了一則繼承大阪老字號鞋店第四代接班人的故事（這項企劃現在沒有了，主要在介紹透過亞馬遜展開新挑戰的人們。）這位第四代接班人繼承鞋店之後，有感於爵士樂一直是他過去人生的重要支柱，於是決定成立爵士樂音樂品牌。每個月發行一張唱片，但CD多到店面根本擺不下，無法推薦給客人聽。正當他遭遇生存危機之際，他開始在亞馬遜開店，順勢帶動過去發行的CD曝光度，逐漸增加營業額。後來，他會邀請爵士歌手來日本舉辦演唱會，讓歌手可以和觀眾近距離接觸。

這間鞋子批發商創業於神戶，挺過阪神大地震的考驗，卻在2008年受到景氣衰退的嚴重影響，幾乎失去所有客戶。老闆說：「我不想失去我父母守了這麼久的這間店」，於是2009年開始在其他購物網站開店，但發展得不甚順利。他也在亞馬遜開店，發現只要登錄就能輕鬆販售商品，而且提供詳盡的商品資訊還能提升營業額，從顧客的角度下功夫還會收到顧客

好評，讓他覺得這種做生意的方式好有趣。短短三年，營業額就增加了五倍，順利脫離倒閉危機。

這些成功案例都是因為在亞馬遜市集開店，才能走過倒閉危機，或是實現自己的夢想。這就是「亞馬遜夢想」的意義所在。還有許多說不完的成功故事，讓人聽了不禁熱血沸騰，感動不已。

亞馬遜貸款計畫：營運資金的放款系統

提供賣家營運資金的「亞馬遜貸款計畫」（Amazon Lending），也是獨一無二的特別機制。[35]一般來說，中小企業老闆若是向銀行等金融機構貸款，通常需要經過繁雜的程序和審查，光是整個流程可能就要一個月以上才能夠真正拿到錢，這是金融機構的「標準」。反觀亞馬遜貸款計畫，只要是在亞馬遜市集生意做得好的賣家，無須任何審查，就能獲得一定金額的貸款。

實務上，系統會根據賣家在亞馬遜市集過去的銷售實績、預放在亞馬遜物流的庫存金額等數據，自動計算放款額度，並在出貨管理系統「Seller Central」的畫面上，顯示出「你的公司可以借款500萬日圓，利率5％」之類的訊息。

　　賣家若需要營運資金，只要點選借款指引按鈕，資金就會在隔天匯入帳戶。舉例來說，眼看夏天就要到了，卻沒有錢向製造商購買冷氣準備銷售，或是購買夏季限定商品增加庫存量，亞馬遜會針對這類賣家放款。「Working backwards from Customer」——站在賣家的立場思考，這就是亞馬遜「標準」的最佳實例。

　　日本是在2014年開始推動亞馬遜貸款計畫，當時我也負責統籌這項事業，加上剛好遇到「金融科技」（Financial Technology, FinTech）的風潮，亞馬遜貸款計畫是個很好的例子，不少人邀約我演講，使得外界十分注目這項劃時代的機制。

　　包括回收貸款在內，亞馬遜貸款計畫的一連串流程，只有幾個人負責處理。能夠做到這一點，完全是因為亞馬遜善用IT技術貫徹自動化，設計出有效率的系統。這次的經驗，讓我清楚感受到創新的威力。

　　對某些賣家來說，在亞馬遜市集開店之後，很難把所有庫存都放在亞馬遜物流，由他們全權負責配送。例如，擁有自己的購物網站，或是在樂天市場、Yahoo購物中心等開設其他網店販售相同商品的賣家就是如此。

　　如果只在亞馬遜開店，將所有庫存放在亞馬遜是最方便的選擇，但若是同時在其他網購平台開店，就必須儲備一定數量的庫存，才能夠應付其他平台的訂單出貨。為了因應這種情形，亞馬遜提供「多通路配送」（Multi-Channel Fulfillment, MCF）的服務。賣家只要支付一定的手續費，即使是非亞馬遜市集的訂單，也能夠從亞馬遜的配送中心出貨。

　　對賣家來說，這項服務可以避免分散庫存造成的無謂支出，還能大幅降低物流成本。不過，也有賣家反應：「消費者明明是在樂天市場或Yahoo購物中心買東西，寄來的商品卻裝在亞馬遜的紙箱裡，讓消費者感到困惑」，最後亞馬遜改用素面瓦楞紙箱出貨。

　　與Amazon Pay電子支付一樣，這類服務有利於其他網購公司，以一般公司的「標準」來說，根本不可能做到。但是，亞馬遜重視的是賣家的立場，必須為他們排除無法將庫存放在亞馬遜的阻礙與困難。讓更多賣家利用亞馬遜物流與多通路配送等機制，讓更多顧客享受亞馬遜品質的配送服務，這才是重點。此外，賣家利用多通路配送，將人氣商品的庫存集中在亞馬遜的履行中心，也減輕了亞馬遜沒有庫存的風

險，對亞馬遜來說，這項額外的好處也是不可忽視的。

Amazon Logistics：建立高品質物流體系

　　亞馬遜最大的強項是建立完善的物流體系，實現迅速、確實且高品質的配送服務。誠如我在第1章介紹過的，亞馬遜目前只在16國成立官方據點，[*]據點數量之少讓外界感到驚訝。這一點也顯示亞馬遜的堅持，那就是不只著眼於市場規模，更重要的是選擇可以建立、執行高品質物流體系的國家。

　　以日本國內為例，當日送達的人口覆蓋率是84％，隔日送達是96.7％。[36]由於日本還有離島，要做到百分之百是極為困難的事，但是綜觀世界各地，這已經是值得讚揚的表現了。

　　其實，光靠亞馬遜的力量，不可能達成如此快速的配送服務。亞馬遜收到顧客訂單後，立刻到倉庫撿貨包裝，交給貨運業者。貨運業者要確保「最後一哩路」的品質，將商品順利從各業者的據點運送至顧客手中。

---

[*]　至2022年底，已開設22個國家／地區網站。

　　以大型貨運業者來說，現在亞馬遜的商品都是由日本郵便或雅瑪多運輸負責。亞馬遜當初進軍日本時，是由佐川急便占最大量。這些日本國內大型宅配業者的配送品質原本就很好，比起美國與其他國家的業者，較容易達到亞馬遜要求的物流水準。

　　隨著亞馬遜在日本蓬勃發展，物流量激增，2013年佐川急便以業務重心轉移至B2B為由，縮減了亞馬遜的接單量。[37]這項決定使得亞馬遜過度依賴雅瑪多運輸，快要超過雅瑪多運輸的負荷，於是雅瑪多運輸向亞馬遜要求減少物流量，同時提高配送費用，當時還在媒體版面上引起一陣騷動。[38]

　　與日本郵便和雅瑪多運輸的夥伴關係，對亞馬遜來說很重要。儘管如此，獲得顧客信賴的配送品質，絕對不能受到與外部業者的關係影響而動搖。從這一點來看，結合扎根地區的小公司或自營商網絡，強化亞馬遜特有的物流網「亞馬遜物流」（Amazon Logistics），便成為亞馬遜目前最大的課題。

　　不僅如此，亞馬遜也直接委託私人駕駛接單，協助運送亞馬遜的商品，引進最新的「亞馬遜彈性快遞服務」（Amazon Flex），[39]推動物流自有化。想向亞馬

遜接單運送商品的個人，只要透過App申請，遇到條件
吻合的商品就能出力運送，向亞馬遜收取運送費用。
這項機制與近年來暴增的Uber Eats外送合作很類似。

　　大型宅配業者並非全由自家公司員工運送，基本
上也會委外運送。部分地區由於競爭激烈，接單價格
相當低，直接向亞馬遜接單的價格較高，對個人來說
也有好處，可以說是雙贏的事業模式。不過，由於個
人配送還是無法和大型宅配業者相比，對於這類全新
的配送服務較不容易達到品質要求、也較不熟悉，可
能也有一些顧客會覺得有失服務水準。

關鍵課題：提升「最後一哩路」的效率

　　亞馬遜承諾顧客提供迅速、高品質的配送服務，
提高「最後一哩路」的效率，是今後最應該改善的一
大課題。說得更具體一點，就是如何減少第二次運
送。根據日本國土交通省的調查，2019年4月宅配第
二次運送率為16％，[40]這對宅配業者來說是很大的負
擔，會增加成本。

　　從顧客的角度來說，回家發現宅配業者的「不在
家通知」，還要與業者再約定時間領取貨件，也是一

件很麻煩的事情。為了因應多元化的顧客需求,妥善建立將商品迅速、確實送達顧客手中的機制,既可降低運送成本,又能滿足顧客期待,這是最好的結果。登入亞馬遜完成訂購之後,系統會視訂單狀況寄發「訂購通知」、「不在家通知」與「配送完成」等通知信,訂購時指定送貨時間也很重要。

　　支援超商取貨付款,也是因應對策之一。過去,亞馬遜日本與羅森(LAWSON)超商[*]合作,由超商將商品配送給顧客。後來與日本郵便合作,開發出可放入包裹的郵箱,或是將包裹放在收件人指定地點的「置物配」服務。

　　2019年9月,亞馬遜又推出「Amazon Hub」的置物櫃取貨服務,[41]包括將貨件運送至超商門口或鐵路車站的置物櫃,收貨人再前往取貨,以及由工作人員收取貨件的Amazon Hub櫃台服務,進一步提高顧客的便利性,減少二次運送的負擔。

　　改善運送系統,在不影響顧客便利性的情況下,有效率地遞送貨件,是亞馬遜近年來投入最大心力解

---

[*]　日本第三大連鎖便利商店,至2022年2月,全日本有14,656家。

決的課題。

Amazon Prime Air：物流的新挑戰

2019年6月，在美國拉斯維加斯舉辦了一場與物聯網（Internet of Things, IoT；在物體上嵌入感測器等裝置，透過網際網路傳輸並互相通訊的技術）有關的展覽，名為「re:MARS」。亞馬遜展示了送貨無人機「Prime Air」，並宣布Prime會員將在幾個月內享受這項無人機宅配服務。

凡是位於配送據點半徑15英里（大約24公里）內的顧客，重量在5磅（約2.27公斤）以下的貨件，都能在30分鐘內送到。早在2016年，亞馬遜美國就主打「Prime Air」服務，引進了40架物流用無人機，作為自家公司的專用貨機，當時引起不少討論。2019年2月更發表最新計畫，預計到2021年為止，無人貨機將增加至50架。[*]

美國國土幅員遼闊，無人貨機很適合美國的狀

---

[*] 至2022年底，已在美國加州洛克福德（Lockeford）和德州大學城（College Station）提供服務。

況。但在日本，無人貨機必須符合航空法規，難以擴
大規模，無法立刻運用在日本市場中，但可以展現出
亞馬遜勇於挑戰的企業文化。話說回來，為了建構完
善的物流體系，強化與顧客之間的信賴關係，亞馬遜
不惜成本開發、採用最新技術，積極引入大量創新的
做法值得關注。

KIVA：先進、有效率的物料搬運系統

對物流來說，最重要的不只是「最後一哩路」，
負責配送的履行中心、倉庫撿貨、包裝與出貨，掌
控這一連串的出貨流程在物流業界稱為「物料搬運」
（material handling）。全世界與日本各地的履行中心，
都擁有高度完備的物料搬運系統，可以說是亞馬遜最
大的強項之一。

全球亞馬遜倉庫內的商品撿貨搬運過程，是由橘
色機器人「KIVA」協助，這一點相當有名。KIVA是
由亞馬遜併購的公司開發出來的，[*]倉庫撿貨人員不

---

[*]　2015年8月，Kiva Systems正式改名為Amazon Robotics。至2019年6
　　月，亞馬遜倉庫共有超過20萬部機器人運作。

用親自走動到需要出貨的商品擺放貨架旁，由機器人將商品貨架搬運到撿貨人員附近。

KIVA的外觀很像大型的掃地機器人。將商品撿貨過程全部自動化，需要投入大量的設備和資金，如果只是讓KIVA搬來出貨需要用到的商品貨架，交由作業員接手，無須進行大規模的改裝工程或設備升級。

概略來說，包裝線是根據縝密的需求預測，依照信封包裝袋或紙箱大小，由數條線組合而成。只要需求預測正確，所有包裝材料都會符合商品尺寸。不過，顧客有時只訂購一項小商品，卻用尺寸稍大的紙箱包裝，這是因為預測不夠準確的小商品在尺寸稍大的紙箱包裝線包裝的緣故。

亞馬遜在機制的進化與因應上講究速度，為了降低成本、以低價提供商品給顧客的效率化也是很重要的課題。由於需求預測無可避免會有不精準之處，光靠人力來預測需求增減肯定會遭遇瓶頸，但是不明所以地一味追求自動化，也不是全然正確的做法。在減少人力支出的過程中，設法尋求與自動化之間的平衡點，亞馬遜特有的物料搬運系統，建構出全球規模最大的物流體系之一。

　　順帶一提，若顧客訂購的商品是禮物，必須由人力完成包裝、綁上緞帶與附上小卡片等步驟。在高度自動化的亞馬遜物流體系中，這些手工作業令人不禁莞爾。遇到聖誕節等忙碌時期，就連我也曾經多次到履行中心幫忙包禮物。我還記得在包裝時，要考慮到顧客購買這份禮物的心意，不僅要仔細包裝，動作還要迅速確實。

　　亞馬遜建立的高品質配送與物流體系，由亞馬遜物流提供給賣家使用，從這一點來看，物流也是亞馬遜的重要事業。向顧客承諾快速配送的亞馬遜服務已成為基本，也成為日本國內物流業界的「常識」。

　　比較其他日本物流公司的服務，凡是「黑貓會員」，雅瑪多運輸都會詳細通知貨物的配送狀況，會員可以指定收貨地點與時間；友都八喜為了對抗亞馬遜，也不斷強化配送服務，這些都可說是亞馬遜帶來的「常識」變革。

Amazon Prime 的擴大戰略

　　在亞馬遜所有的強項中，已經成為固定服務的「Amazon Prime」訂閱制度值得特別研究。

　　會員訂閱制度對亞馬遜最大的好處，不只是每個月都有固定的會費收入，目前已知Prime會員的回購率比一般顧客高，每輛購物車（單次購買金額與購買數量）的結帳金額也較高。[42]營業額是由「顧客人數×活躍顧客×頻率×購入金額」等多種條件所構成的，Prime會員的存在有助於提升營業額。

　　需要付費訂閱，為什麼Amazon Prime還是可以逐年成功締造佳績？我可以舉出幾個原因，首先最大的因素是有許多優惠，不僅多樣，還很豐富，高度便利性是重點。接下來，為各位列舉一些Prime會員的優惠。

▶Amazon Prime會員優惠

購物優惠

- **免費快速配送**：以日本為例，通常購物金額在2,000日圓以下，需要支付400日圓運費；若選擇宅配服務，則要支付500～600日圓運費。若是Prime會員，則完全免運費。唯一例外的是，若在亞馬遜市集購買，非亞馬遜出貨的商品，就需要支付運費。
- **特殊商品無須處理手續費**：針對尺寸較大或重量較重的商品等，配送時需要特別處理的貨件，通常需

要支付處理手續費，成為 Prime 會員即可享有免運優待。不過，亞馬遜市集中，無法免運費的賣家則需要支付手續費。

- **Prime Now**：在特定地區可享最快兩小時內收到商品的獨家服務。

- **Prime Wardrobe**：針對衣服、鞋子、時尚小物等商品，可在正式購入前先試穿試戴。商品配送至顧客手上的隔日起，顧客可在家試穿，最長不超過七天。如確定購買，亞馬遜只收取購買商品的費用。如果決定不購買，退貨手續費由亞馬遜負擔。

- **Amazon Pantry**：主要針對食品和日用品等低價商品，提供「只買一件也可以」的服務。每個 Pantry Box 須支付 390 日圓（含稅）的費用，紙箱尺寸為 52 公分（長）×28 公分（寬）×36 公分（高），可選購放入不超過此容量或 12 公斤內的商品。

- **Prime 會員限定搶先特賣**：可比一般會員早 30 分鐘購買限時特賣商品。

- **Prime Family 優惠／寶寶尿布與濕紙巾可享 15％折扣**：Prime 會員訂購特定商品且使用商品定期宅配服務時，系統會自動追加 10％的折扣，總計折扣為

15％。符合這項優惠的商品頁上，會顯示「Prime
會員適用Prime Family優惠，商品享15％折扣優惠」
等文字內容。

- **Prime Pet**：登錄飼養的寵物種類（狗、貓）和生日
  等資訊，就會顯示相關情報、推薦商品、促銷優惠
  等資訊。
- **Prime限定價格**：可以比正常售價更優惠的Prime限
  定價格購入特定商品。

數位優惠

- **Prime Video**：免費觀賞符合會員優惠的電影與電視
  節目。
- **Prime Video Channel**：以每月定額費用觀看許多頻道，
  包括「dAnime Store for Prime Video」、「SKY PerfecTV!
  Anime Set for Prime Video」、「J SPORTS」、「月釣Vision
  Select」（每月釣魚影片精選）等。
- **Prime Music**：免費收聽超過100萬首音樂、專輯與
  播放清單。
- **Amazon Music Unlimited**：以優惠價享受6,500萬首
  歌曲、音樂專家精選的播放清單與客製化廣播節目

等服務。

- **Kindle Owners' Lending Library**：使用 Kindle 閱讀器或 Fire 平板，每月可從指定書籍中選一本免費閱讀。
- **Prime Reading**：無須支付額外費用，無限制閱讀指定的 Kindle 電子書。
- **Twitch Prime**：美國 Twitch 公司 [*] 提供的服務，只要連結 Twitch 帳號與 Amazon Prime 帳號，就能享受多項優惠。
- **Amazon Photo**：可享受無容量限制，使用亞馬遜雲端硬碟儲存照片的服務。

　　優惠服務多到數不清，想必還會開發下去。還有一件事，不曉得各位是否發現了？此處列舉的優惠大致分成兩種：在「Prime 限定價格」以上，列舉的是購物相關優惠；在「Prime Video」以下是數位內容、儲存（影音資料紀錄）相關的優惠。

　　購物相關優惠十分豐富，搭配包含快速配送在內的免運服務，讓會員購物時無須考慮運費負擔，可以放心購買，同時享受迅速的配送服務，進而提升顧客

---

[*]　電玩遊戲影片串流媒體服務平台。

滿意度。

　　不僅如此，包括影視節目、音樂、Kindle等豐富的數位內容，也是許多顧客願意支付會費成為Prime會員的原因。針對不習慣在網路購物的消費者強打數位內容服務，也有助於開發新顧客。

　　令人驚喜的是，想要享受這些針對Prime會員提供的服務，日本的年費只要4,900日圓（月費500日圓），這還是2019年4月漲了1,000日圓後的價格，之前年費只要3,900日圓（月費400日圓）。從月費來看，等於每個月在亞馬遜購物一次，享受一次免費快速配送就能回本了。

　　從Prime會費考量數位內容的優惠服務，與其他提供影音服務的網站月費或年費相比，不難發現亞馬遜給Prime會費的服務有多優惠。貫徹低價策略以增加來客數，創造規模經濟促使事業成長，亞馬遜的基本理念與政策就是徹底執行並擴大Prime戰略。

　　更棒的是，與Prime會員同住的兩位家人，也能登錄成為Prime會員，這項服務來自「顧客中心主義」的經營理念。這兩位家人也能享有免費的加速宅配與指定配送日期服務、Prime會員限定搶先特賣、Prime

Now、Amazon Pantry 等優惠。

　　在人生的不同階段都有適合的服務機制，如此周到的服務，顯示亞馬遜積極擴增 Prime 會員的長期戰略。舉例來說，「Amazon Student」是針對學生的優惠服務，學生只要半價就能享受 Prime 會員的優惠。還有針對育兒家庭提供的「Amazon Family」，只要登錄孩子的資訊，就能獲贈紅利點數。亞馬遜也會發送電子郵件，通知只限登錄會員享受的促銷優惠。不過，Amazon Family 的優惠內容與 Prime 會員時有不同。

　　美國的 Prime 會費直到 2018 年 5 月為止只要 99 美元，後來漲到 199 美元，換算成日圓約是 12,000 日圓。[*]由於美國幅員遼闊，需要龐大的物流體系支撐，這樣的價格算是便宜。日本雖然漲過一次價，但年費不過 4,900 日圓，從這一點可以看出，目前正處於創造規模經濟、擴展 Prime 會員數的階段。

　　亞馬遜並未公布日本 Prime 會員數有多少，但貝佐斯在 2018 年寫給股東的信中，寫道全球 Prime 會員

---

[*] 2023 年 1 月，美國的月費調整為 14.99 美元，年費為 139 美元；學生月費為 7.49 美元，年費為 69 美元。台灣也可訂閱 Prime Video，月費為新台幣 169 元。

數已經突破1億人。

提供低價優惠、盡全力強化Prime戰略的目的，不只是增加習慣使用亞馬遜購物的優良顧客，供應Prime Video、Prime Music等數位內容，也有助於搶奪市場占有率、擴大事業規模。當更多會員使用影音內容服務，感受到亞馬遜的好處，未來就更容易建立容許會費調整的經營環境。

亞馬遜和樂天市場的決定性差異

為了讓各位更容易理解亞馬遜的服務有多特別、多吸引人，接下來我要以亞馬遜進軍日本之前，日本國內最大的電商平台「樂天市場」為例，比較兩者的不同。

販售型態與物流

亞馬遜與樂天市場最大的差異，在於亞馬遜有自營部門，樂天市場販售的商品全部來自第三方賣家。

亞馬遜為了販售自營商品，建構了包括履行中心在內的特有物流網。基本上，樂天市場將物流配送交給賣家處理，所以在加強配送服務這個方面進展得相

當緩慢，配送品質也不穩定。亞馬遜雖然也有吸引第三方賣家開店的亞馬遜市集，但就像前文說過的，亞馬遜市集的配送服務是由亞馬遜物流提供，以確保配送品質符合亞馬遜的高「標準」。

　　話說回來，樂天並非不做任何努力，近年收購了連鎖藥妝店成為子公司，跨足直營事業。同時推出綜合物流服務，在千葉縣市川市、兵庫縣川西市、千葉縣流山市與大阪府枚方市等地，設置「樂天超級物流」（Rakuten Super Logistics）系統，[43]讓第三方賣家存放商品，直接從這些物流中心出貨。

　　為了對抗亞馬遜承諾顧客的當日或隔日送達服務，樂天市場推出「明日樂」服務，[44]無須手續費，最快可在隔天讓顧客拿到緊急需要的商品。不過，第三方賣家可以自行決定，要不要使用物流中心或「明日樂」服務，所以這兩項服務目前還不普及，這是不爭的事實。從顧客的角度來看，由賣家直接出貨的配送服務品質也不穩定。

單一商品詳情頁面

　　前面章節已經介紹過，亞馬遜採用「單一商品詳

情頁面」，每一頁只介紹一樣商品，這是亞馬遜與樂天市場最大的差異。

亞馬遜是基於貝佐斯的「飛輪」理念，以直營、物流為主軸，建構綿密的電子商務整體服務，隨後再將網購平台以「亞馬遜市集」之名開放給第三方賣家。反觀樂天市場的成立過程，一開始就是由許多賣家集合開店，形成類似購物中心的網購平台（2019年2月約有4萬6,686間網店）。*,45

賣家可以自行決定商品名稱，雖然有一定的網頁格式，但可以自由製作商品的介紹頁面。所以，在樂天市場搜尋商品時，搜尋結果會出現許多店家，每個店家呈現出來的商品頁面版型各有不同，顧客會看到一堆的連結頁面。這個做法增加了搜尋難度，顧客很容易漏掉重要的商品資訊，也容易選錯款式或顏色。同樣屬於購物中心型態的網購服務「Yahoo購物」，也因為這幾年賣家數量暴增，導致商品介紹頁面看起來很凌亂。

不少賣家都同時在亞馬遜與樂天市場開店，站

---

* 2022年4月，官方公布的資料店數已成長為約56,000間店鋪。

在賣家的立場來看，他們在這兩個平台上都是「開店」，但亞馬遜將整個平台視為一間店，並非每個賣家各自擁有一間店，因此顧客購物後不會收到賣家單方面寄來的郵件，購物機制也相對簡單。

一頁只有一項商品的做法，說起來簡單，實行起來卻有不少難度。舉例來說，如果是貼著全球共通的JAN（Japanese Article Number）日本商品條碼的商品，登錄商品時就要輸入條碼，分門別類，但有些商品沒有這類條碼。亞馬遜經常透過大數據檢查賣家登錄的商品，開發檢查機制，避免出現相同的商品頁，同時刪除重複的商品頁。

商品數量

賣家同時在亞馬遜日本和樂天市場開店，各位可能認為，在日本國內流通的商品數量應該差不多。由於亞馬遜市集歡迎個人小賣家開店，因此許多人在市集販售書籍等二手商品，這是亞馬遜日本與樂天市場最大的差別。

不僅如此，亞馬遜日本有專門團隊，負責邀請美國、中國等海外賣家進駐，過去無法在日本買到的商

品，現在都能在亞馬遜市集買到，而且還能在統一格式的單一商品詳情頁面看到日文的商品說明。即使是海外商品，也能像購買日本國內普及的商品一樣，以簡單輕鬆的方式買到，這一點也是亞馬遜日本和樂天市場的一大差異。

紅利點數制度

紅利點數制度可說是樂天市場的強項，儘管換算率不高，只有1～10％（100日圓換算成1～10點左右），但集團內的所有商家機構，包括樂天旅遊、樂天銀行、樂天信用卡、樂天GORA（高爾夫球場預約服務）、樂天票券等，都使用同樣的紅利點數制度，在日本素有「樂天經濟圈」、「樂天生態圈」之稱。

此外，友都八喜等量販店也有自己的紅利點數制度，由此可見，日本人可說是世界少見、喜歡集點的民族。

亞馬遜日本從2007年引進紅利點數制度，前文提過，全球亞馬遜中，只有日本採用紅利點數制度。

2019年2月，亞馬遜日本宣布，亞馬遜市集販售的所有商品，都要附贈紅利點數，換算率必須超過販

售價格的1％。不料公平交易委員會認為「紅利點數的資金是由賣家負擔，恐有違反獨占禁止法之虞」，因此進行調查，[46]最後調整為「販售商品是否附贈紅利點數，由賣家決定。」

就我個人來說，我不是很喜歡紅利點數制度，雖然大多數的日本人都很喜歡。許多店家和服務業都濫發集點卡，每次結帳時，店員就會問：「要不要辦一張集點卡？」，感覺有點煩。每當提供服務的店家想要建立緊密的顧客關係，就會實施紅利點數制度，但其實這不過是商家想要分析顧客消費數據的工具，而且我認為紅利點數反而墊高了商品售價。

Prime會員制度

Amazon Prime可說是亞馬遜與樂天市場等其他電商服務拉開差距的最大優勢。樂天市場也會根據顧客的購物歷史，針對不同的會員等級，提供生日點數贈禮等優惠。但是，Amazon Prime提供的與「點數優惠」毫無關係，而是以免運費、合作夥伴的內容服務等數位優惠為主，這也是亞馬遜最大的魅力所在。

不只影音，電子書也是數位內容的一部分。亞馬

遜有自行開發的Kindle閱讀器，樂天則是收購加拿大的新創企業「Kobo」，展開電子書事業。以日本電子書城利用率排名來看，Kindle Store為24.2％，位居第一；樂天Kobo書城為12.4％，排名第三。[47]近年急速成長的「LINE Manga」超車躍居第二，由此可見樂天Kobo書城的經營狀況還有進步空間。

推動賣家全球化的目標

　　無論是基本的銷售機制、商品詳情頁面或「Seller Central」出貨管理系統等，全世界的亞馬遜都使用相同系統，這對賣家來說是亞馬遜最大的優點。

　　簡單來說，在亞馬遜日本經營成功的賣家，可以輕鬆跨足美國或歐洲等其他國家，因為網路平台全球都是一樣的，亞馬遜也提供獨家的商品目錄自動翻譯系統給市集賣家使用。各國都有亞馬遜物流，賣家可將商品存放在履行中心，由亞馬遜代為處理出貨事宜，日本也有同樣的服務，亞馬遜還能介紹業者協助賣家從日本出口商品。基本上，賣家銷往海外要做的事和在國內販售沒有太大差異，輕鬆就能將商品賣到國外。

儘管亞馬遜沒有公布詳細數據，但在亞馬遜日本累績成功經驗、順利進軍海外的賣家，早已達到數萬之譜。

對賣家的服務

亞馬遜支援賣家的想法與機制，也跟樂天市場的不同。2014年，我負責經營亞馬遜市集，不少賣家向我抱怨：「樂天市場很照顧賣家，在那裡很容易銷售商品」，或「亞馬遜有自營商品，這不是在和賣家競爭嗎？生意真的很難做」，這不過才幾年前的事情而已。

樂天市場會跟初次進軍網路購物的賣家討論開店事宜，還有新店顧問會關心新賣家的營業狀況，店鋪顧問還會協助製作網頁。賣家開店後，也會有專門的電商顧問給予建議。

不僅如此，樂天市場還開設收費的「樂天大學」教室，傳授賣家經營網店的各種知識與技巧。此外，每個月和每一年也會表揚優良店家，選出「每月傑出店家」與「年度傑出店家」，加強店家的經營動力。

亞馬遜也針對賣家提供各種支援，例如：線上講座「亞馬遜開店大學」、設置專責人員服務的後勤支

援窗口等，不過亞馬遜只針對部分大型賣家設置專責窗口。

亞馬遜對賣家的看法，原本就與樂天市場的不同。簡單來說，亞馬遜認為賣家是共同開拓事業的夥伴，樂天市場的商業模式則完全倚賴賣家，賣家是樂天的客戶。

亞馬遜以顧客——也就是消費者——為中心思考，為了提供與自營一樣最適切的服務，對所有賣家一視同仁，持續改善開店工具，建構合理、有效率的系統，這是亞馬遜最重視的事情。

樂天市場無法成為全球標準的原因

我特地以樂天市場為比較對象，讓各位深刻理解亞馬遜的強項。樂天市場的總流通金額預估每年將近3兆日圓，是規模相當龐大的電商平台，日本國內的賣家與消費者都很多。*

不過，樂天市場的商業舞台，終究還是以日本國內為主軸，無法成為全球標準。原因很簡單，亞馬遜

---

* 2022年4月，官方公布的數據在2021年已突破5兆日圓。

在全球都使用同樣的平台，而大多數樂天的海外據點都是收購而來，很難完整融入樂天的平台，結果在許多國家進軍之後宣告退出。[48]

　　為何GAFA（Google、Apple、Facebook、Amazon）得以席捲全世界，來自日本的服務與標準卻在全球競爭中頻頻失利？我們可從亞馬遜和樂天市場基本理念的差異推敲思考。

第5章 亞馬遜人的常識與人才育成

14條領導方針

在前面四章中,藉由分析亞馬遜的商業模式與強項,解說亞馬遜的「絕對思考」究竟是什麼。本章的重點,放在亞馬遜如何在貫徹顧客中心主義、強化商業模式的過程中,找到並培養出合適的人才。相信這一章有許多重點可以提供各位參考,是十分有用的資訊。

亞馬遜有獨特的文化,傳統企業重視的「努力」與「毅力」不盡適用於亞馬遜。亞馬遜的「一般標準」是:徹底分析數據;尋找機會(好時機、契機);藉由系統與機制創新達成自動化目標;提升效率;凡事追求可規模化(具擴張性,即使規模擴張,成本也不會等比增加。)亞馬遜雇用的人才與既有員

工，都必須理解並實踐亞馬遜文化。

「領導方針」是亞馬遜的行事圭臬

　　在亞馬遜工作的人，都會向全世界介紹「我是亞馬遜人」。我剛進亞馬遜的時候，亞馬遜日本的員工只有幾百人，如今已達到7,000人的規模。[49]至2018年，亞馬遜全球有65萬名正式員工。[*,50]

　　亞馬遜日本是全世界急速成長的據點，以全球規模展開事業的企圖心和文化，是所有新進人才共享的資產。為了維持這一點，必須建立「核心」規範。

　　這個「核心」規範就是亞馬遜的「Leadership Principles」（領導方針），公司內部稱為「Our Leadership Principles」（我們的領導方針），簡稱「OLP」。

　　Principles直譯就是「原則」，Leadership指的是「站在領導者的立場」、「統御力」，但亞馬遜的「領導方針」不僅限於經理人或管理職，這14條領導方針要讓公司員工明白「所有亞馬遜人都是領導者。」

---

* 根據2022年2月官方數據，亞馬遜2021年Q4直接創造超過110萬個正職與兼職工作。

　　「領導方針」的原型是2001年貝佐斯提出的11條「Leadership Value」（領導價值）。十年後，也就是2011年，隨著亞馬遜在全球擴張，為了建立全球共通的領導「準則」而訂定了現在的領導方針。*

　　至於「領導方針」的意義，亞馬遜用英文寫著：「We use our Leadership Principles every day, whether we're discussing ideas for new projects or deciding on the best approach to solving a problem. It is just one of the things that makes Amazon peculiar.」

　　意思是：「無論是討論新企劃的想法，還是在決定解決問題的最佳方法，我們每天都使用我們的領導方針。這是讓亞馬遜變得與眾不同的特色之一。」

　　這14條領導方針可說是一種行為規範，以簡單的英文寫成。亞馬遜日本為了讓所有員工理解英文原意，刻意不翻譯成日文。不過，每一條的詳細附加說明都經過翻譯，也公開在人才招募的網頁上。

　　在後文的討論中，我會將這14條領導方針的英文和譯文列出來，通常是不會編號的，但是本書特地編

---

*　2021年7月，新增了兩條：「Strive to be Earth's Best Employer」（努力成為地球上的最佳雇主）和「Success and Scale Bring Broad Responsibility」（成功和規模帶來廣大的責任）。

號，方便各位閱讀參考。

▶ Our Leadership Principles

1. Customer Obsession

Leaders start with the customer and work backwards. They work vigorously to earn and keep customer trust. Although leaders pay attention to competitors, they obsess over customers.

　　領導者要從顧客的角度去思考、行動，致力於獲得並維繫顧客信任。領導者雖然也會注意競爭對手，但首要原則還是顧客至上。

2. Ownership

Leaders are owners. They think long term and don't sacrifice long-term value for short-term results. They act on behalf of the entire company, beyond just their own team. They never say "that's not my job."

　　領導者是主人翁，須具備所有權意識，眼光要放遠，不會為了短期成果犧牲長期價值。領導者的行事不僅考慮自己的團隊，也會考量公司整體的立場。領導者絕對不會說：「那不是我的工作。」

3. Invent and Simplify

Leaders expect and require innovation and invention from their teams and always find ways to simplify. They are externally aware, look for new ideas from everywhere, and are not limited by "not invented here." As we do new things, we accept that we may be misunderstood for long periods of time.

領導者要求自己的團隊創新和發明，不斷尋求工作簡化的方法。領導者經常注意情勢的變化，隨時都在尋找新的創意，就算不是自己發想的新創意也沒關係。我們在實踐新創意時，接受可能會經歷外界長期誤解。

4. Are Right, A Lot

Leaders are right a lot. They have strong judgment and good instincts. They seek diverse perspectives and work to disconfirm their beliefs.

領導者在多數情況下，都能夠做出正確的判斷。領導者擁有卓越的判斷能力和敏銳的直覺，總是尋求多元化的觀點，勇於挑戰自己的信念。

5. Learn and Be Curious

Leaders are never done learning and always seek to improve themselves. They are curious about new possibilities and act to explore them.

　　領導者時刻學習，不斷提升自己。對於各種可能性充滿好奇，樂於求知。

6. Hire and Develop the Best

Leaders raise the performance bar with every hire and promotion. They recognize exceptional talent, and willingly move them throughout the organization. Leaders develop leaders and take seriously their role in coaching others. We work on behalf of our people to invent mechanisms for development like Career Choice.

　　領導者不斷提升招聘和晉升員工的標準，致力於尋找優秀人才，積極協助他們為組織發揮所長。領導者培養領導人才，認真負起指導的責任。我們創造新的機制，協助所有員工的職涯都能持續成長、提升。

7. Insist on the Highest Standards

Leaders have relentlessly high standards—many people may think these standards are unreasonably high. Leaders are continually raising the bar and driving their teams to deliver high-quality products, services, and processes. Leaders ensure that defects do not get sent down the line and that problems are fixed so they stay fixed.

　　領導者致力於追求最高標準，在很多人看來，這

些標準可能高得不可理喻。領導者不斷提高標準，鞭
策團隊提供更優質的產品、服務和流程。領導者只執
行高水準的企劃，遇到問題確實解決，並尋求不再重
蹈覆轍的改善措施。

8. Think Big

Thinking small is a self-fulfilling prophecy. Leaders create and communicate a bold direction that inspires results. They think differently and look around corners for ways to serve customers.

　　思想狹隘開創不出大格局，往往淪為自我應驗的
預言。領導者大膽提出大局策略，以期激發出良好的
成果。領導者從嶄新的角度考慮問題，尋找能夠提供
顧客更好服務的各種可能性。

9. Bias for Action

Speed matters in business. Many decisions and actions are reversible and do not need extensive study. We value calculated risk taking.

　　速度在商業領域來說至關重要。很多決策和行動
都可以隨時修正，不需要過度詳盡的研究。我們重視
評估後的冒險行為。

10. Frugality

Accomplish more with less. Constraints breed resourcefulness, self-sufficiency and invention. There are no extra points for growing headcount, budget size, or fixed expense.

用較少的投入換取更大的成果。儉約精神是我們創意發想、自立和創新的根源。只會增加人力、預算和固定支出，並非最好的做法。

11. Earn Trust

Leaders listen attentively, speak candidly, and treat others respectfully. They are vocally self-critical, even when doing so is awkward or embarrassing. Leaders do not believe their or their team's body odor smells of perfume. They benchmark themselves and their teams against the best.

領導者善於傾聽、坦誠溝通，並且尊重他人。即使難堪，也願意承認自己的錯誤，絕對不會正當化自己或團隊的過失。領導者永遠要要求自己與最高標準進行評量比較。

12. Dive Deep

Leaders operate at all levels, stay connected to the details, audit frequently, and are skeptical when metrics and anecdote differ. No task is beneath them.

領導者留心各項環節，隨時掌控細節，經常確認
營運現況。當發現指標與個別事例不一致時，會提出
質疑。公司的大小事，都值得領導者關注。

13. Have Backbone; Disagree and Commit

Leaders are obligated to respectfully challenge decisions
when they disagree, even when doing so is uncomfortable
or exhausting. Leaders have conviction and are tenacious.
They do not compromise for the sake of social cohesion.
Once a decision is determined, they commit wholly.

領導者遇到無法認同的情況或決策，應該有禮貌
地提出質疑。即使這樣做會吃力不討好，也要敢於諫
言。領導者擁有信念，不輕言放棄，也不輕易妥協。
一旦做出決定，就會全力以赴。

14. Deliver Results

Leaders focus on the key inputs for their business and
deliver them with the right quality and in a timely fashion.
Despite setbacks, they rise to the occasion and never settle.

領導者聚焦於工作上的關鍵投入，以正確品質迅
速取得成效。即使遭遇困難，也勇於面對，絕不妥協。

我實踐14條領導方針獲得的啟發

　　亞馬遜日本官網的14條方針譯文，出自內部高層之手。雖然我並未參與翻譯過程，但將英文翻譯成日文有許多困難之處，我聽說他們翻得很辛苦。

　　當時公司內部也曾經討論，是否要將14條方針的標題也翻成日文，但後來決定只保留英文。原因就在翻成日文後，文字給人的感覺可能完全不同，例如：將「Ownership」直譯成「擁有者」、「所有權」，感覺確實變得不一樣了。這是亞馬遜日本的做法。

　　由於「我們的領導方針」是全球共同的規範，美國總公司內部開會時，或其他國家成員進行電話、視訊會議時，也經常拿出來討論。因此，我認為日本子公司刻意不翻成日文，讓員工記住英文原文的做法是正確的。

　　接下來，我根據個人經驗補充各條內容。

1. Customer Obsession（顧客至上）──以顧客為中心的判斷標準不可妥協

　　「Customer」 是「顧 客」，「Obsession」 是「著迷」、「熱衷」的意思，代表亞馬遜的「顧客至上」主

義。這14條領導方針刻意不編號，第一條是「Customer Obsession」，最後一條是「Deliver Results」，亦即「創造成果」。換句話說，從顧客角度發想並做出結果是最重要的。此外，亞馬遜追求的「成果」，不只是單純增加營收或擴大利潤，更包括創造可擴展性，亦即「事業成長」，這一點也很關鍵。

總的來說，「Customer Obsession」是亞馬遜追求的「Results」。許多企業也打著「顧客至上」的理念，但經常為了眼前的利益而妥協。根據我的經驗，如果能有明確的判斷標準，例如：「最重要的是顧客」，那麼遇到不知該如何找出答案的議題，通常都能走回正軌。

亞馬遜主張的「Customer Obsession」究竟是什麼？容我以具體實例來說明。

最具代表性的就是顧客評價，顧客評價不只刊載消費者使用商品後的好評，也會揭露製造商、供應商不希望外界看到的負評。亞馬遜毫無保留地公開評價，讓消費者可以客觀判斷自己是否要購買。

此外，亞馬遜日本內部有一位被稱為「仙杜瑞拉」的女員工。她的腳的大小相當於日本人的平均尺寸，因此由她試穿鞋子，將自己的使用感與穿著感寫

在商品頁面上，以簡單明瞭的方式讓消費者看到自己
最希望知道的資訊。

　　前文說過，我曾擔任硬體部門的統籌事業本部
長，其中包括家電事業部，當時遇到一件事情。若某
款家電產品停產或改版時，該款產品或舊款產品就
會變成絕版品，當時公司還在研發自動化庫存管理系
統，結果不小心接下數量超過庫存的絕版品訂單。

　　如果是一般店家，通常會聯絡較晚訂購的顧客，
通知對方「庫存賣完了」，必須取消訂單。不過，亞
馬遜不會這麼做。當時我緊急通知採購與訂單負責
人，請他們去家電量販店或以現金買賣的批發商一家
家調貨，無論成本多少，都要將商品送到顧客手中。

　　其實，這原本就是亞馬遜處理錯誤的態度。有一
次，要促銷定價1,000日圓左右的商品，打算減價至
900日圓販售，負責人員卻不小心將價格打成了「90
日圓」。如此低價立刻吸引顧客搶購，發現問題的負
責人員雖然立刻修正價格，但還是讓許多顧客訂到90
日圓的商品。

　　如果是一般日本公司遇到這類問題，一定會向顧
客說明原委，取消訂單。不過，亞馬遜日本在向購買

90日圓商品的顧客說明原委之後，將商品寄給顧客。當然，遇到這類情形也會視損失金額而有不同做法，但從這個例子可以看出，亞馬遜做任何決定，優先考量的都是「怎麼做才能不辜負顧客的信賴」。

亞馬遜內部的日常工作中，利潤和營業額當然是很重要的課題。不過，最終的判斷標準是「Customer Obsession」，這是亞馬遜人放諸全世界皆準的常識，隨時都要回歸這個原點，確認自己沒有做出錯誤決定，並且修正自己的方向。我也曾經這麼做過。

隨時站在顧客的立場採取行動，不是一件簡單的事情。企業必須賺錢才能生存，在此現況下，經營高層以身作則，實踐「Customer Obsession」，讓其他成員毫不遲疑付諸行動。經營高層堅定不移的風骨，也是重要關鍵。

2. Ownership（主事者精神）——嚴禁說出「這不是我的工作」

亞馬遜貫徹「所有員工都是領導者」的想法，為此，所有員工都必須具備「所有權意識」，嚴禁說出「這不是我的工作」這種視野狹隘的託辭。

亞馬遜內部經常使用「Cross Functional」這個詞彙，意思是跨越不同部門。公司內部的每個部門都有各自功能，也有經理、副總等職務階級。

我會賦予自己的團隊成員跨部門的任務，我也經常接下超乎自身職責的工作。舉例來說，我曾負責面試其他部門的員工，十年內面試了1,000人。此外，東日本大地震時，我也從2011年到2014年，率領員工一起到東北地方參加義工活動，前後總計41次，共1,001人次參與。這兩件事都需要堅持的毅力，必須秉持「Ownership」才能做到。

構思創新計畫或專案時，通常需要跨部門與跨職能的合作與判斷。每位員工都深植Ownership精神，創造亞馬遜不斷進步的成就。

在亞馬遜，即使不是管理職也能成為專案負責人，不會捲入其他部門的紛爭，也不會因為做的事情超越職稱而遭受議論。公司內部的氣氛讓工作容易推展，這就是亞馬遜的公司文化。

3. Invent and Simplify（創新與簡化）──持續追求創造性與簡單化

誠如說明文字的內容：「要求創新和發明，不斷尋求工作簡化的方法」，這就是亞馬遜人必須具備的特質。

我在前文說過，簡單合理的機制是亞馬遜的強項。亞馬遜對自己提供的服務優先講究的就是「Simplify」，主要理由有三個。

第一，如果不簡化，「顧客難以理解」。徹底簡化單一商品詳情頁面，就是具體實現此一概念的政策。第二，愈複雜的機制，愈無法持續下去。第三個理由是，當機制愈複雜，發生錯誤時不只難以「修復」，也「很難找到問題點」。

當然，既然是「Invent」，嘗試新挑戰一定會遇到許多問題，包括受到社會誤解與責難。外界對亞馬遜最大的誤解，就是「低價策略是為了擊潰競爭對手。」

面對這樣的現況，亞馬遜依舊大方表示「接受可能會經歷外界長期誤解」，這就是亞馬遜之所以為亞馬遜的原因。不過，這不代表「遭受誤解也不在

意」。接受別人的誤解與批評，出錯了才能改善，
亞馬遜就是這麼一間務實的公司。當然，只要從
「Customer Obsession」與「Deliver Results」觀點來看
是正確的事情，亞馬遜就會堅持下去。

話說回來，就算今天說「我要開始Invent and
Simplify」，也很難立刻做到。重要的是要讓「Invent
and Simplify」成為公司的普遍文化，亞馬遜也經常以
「Invent and Simplify」為主題，開設跨職能的體驗型研
討會。

4. Are Right, A Lot（決策大膽正確）──在大多數情況下都能做出正確決定

這是領導者一定要具備的資質，不過亞馬遜要求
全體員工都要做到這一點，這也是亞馬遜的特色。

誠如說明文字，重視課題的亞馬遜為了做出正確
判斷，需要「根據經驗培養出來的敏銳直覺」，在接受
各種想法的情況下，「勇於挑戰自己的信念」很重要。

「Are Right, A Lot」的相反，就是「Are Wrong, A
Lot」（在多數情況下決策錯誤。）或許是害怕決策錯
誤，日本公司都有根深蒂固的減分主義文化，多一事

不如少一事，因此通常抱持著「No Judge, A Lot」（在多數情況下不決策）的想法。不負責任的消極主義在亞馬遜是行不通的。

　　舉例來說，客服中心裡有數百名員工，每天都要處理顧客的電話、電子郵件或即時通訊。亞馬遜不會要求他們依照客服手冊的指示面對顧客，而是全權交由他們處理，採取免費換貨、送禮物卡道歉等方式，可說是實踐「Are Right, A Lot」的最佳實例。

5. Learn and Be Curious（努力學習，保持好奇心）——時刻學習，抱持好奇心

　　「Curious」是好奇心。這是一種時刻學習、抱持好奇心面對事物，藉此提升自己的態度。

　　事實上，強烈的好奇心會影響每個人擁有的知識與自信。如果沒有基本知識，無論眼前發生了什麼事，或什麼人說了什麼話，都無法從中察覺值得研究的重點。就算感到疑問或覺得好奇，沒有自信的人也無法提問或採取行動確認。

　　原則上，在亞馬遜工作一定要學英文。不能因為成功進入亞馬遜工作就荒廢英文進修，而是要每天提

升自己的英文能力，時刻「學習」。

　　亞馬遜人必須每天學習網站架構、網頁內容、倉庫系統、物流與配送步驟、開發自有商品、數位服務內容等亞馬遜提供的各種服務與業務內容，培養充足的知識，才能從中發現可以改善的地方。舉例來說，假設我們要改善因為顧客不在家，無法一次完成配送，必須第二次配送的問題，應該怎麼做才好？為了想出有用的對策，就必須了解整個配送過程，與第一線工作的真實狀況。

　　追根究底，若不知道二次配送的次數太多，也無法發現這個問題。此外，不以公司沒有提供相關教育課程、沒有人教我為藉口，主動調查，採取行動去了解自己想知道的事情，這樣的態度是最重要的。

　　亞馬遜有一個類似維基百科的情報入口網站，裡面蒐集了許多公司內部資訊，可從中搜尋到一定程度的資料。另一方面，亞馬遜的服務與機制日新月異，每天都在進化，因此沒有使用手冊。雖然我不認為那是最好的環境，但公司確實打造了協助員工「Learn and Be Curious」的機制。

　　我在統籌亞馬遜市集的時期，旗下有個團隊，裡

面有系統工程師。身為總經理的我不只要掌握概要，還要廣泛蒐集資料，了解所有細節，才能掌握工程師正在開發什麼系統與工作延遲的原因等。我也因此累積了一些經驗，在需要決定優先順序時，能夠做出正確決策。

此外，我在2008年以居家廚房事業部的事業部長身分，進入亞馬遜日本工作。為了理解關鍵角色採購的業務內容，我不只經營自己負責的事業部，還兼任季節家電負責人三個月，親自與製造商洽談，規劃並執行商品促銷方案，學習公司內部的業務機制。我在第一線的工作經驗，讓我在後來的亞馬遜職場中，可以更深入了解團隊成員的業務內容，受益良多。

6. Hire and Develop the Best（招賢納士）——錄取最好的人才，培養優秀的人才

這是要求領導者「選賢育能」的準則。當你升上經理，躋身管理階層，錄取多少優秀人才（優秀的定義詳見第2章），有多少部屬升官，是公司對領導者的評估標準之一。

當我負責的團隊或企劃需要錄取新人才，如果是

我的直接部屬，我一定會從面試過的候選者中，選出
「比我優秀的人才」，這是我的選才「標準」。如果我的
直接部屬十分優秀，持續創造好成績，晉升至與我一
樣的職級，我也會主動為他美言，讓他可以繼續高升。

　　當採用與自己相同層級的人，或優秀人才晉升至
與自己一樣職級時，不要認為對方會危及自己的地
位，而是要選用拔擢優秀人秀，交付更重大的任務，
讓自己參與視野更寬廣的工作，這才是亞馬遜的作
風。如此才能發揮加乘效果，提升自己的工作技能與
勝任力（提升業績的行為模式）。

　　我在統籌亞馬遜市集的時期，也曾錄取三名和我
相同職級的總監，讓他們擔任重要職務，交出許多決
定權，讓我能從更高的位置挑戰更為複雜的多個事業。

　　錄取並培育最好的人才，能讓自己在企業裡高
升，同時提高採用新人才的門檻。亞馬遜也投入許多
心力在人才開發（教育）上。當優秀人才在亞馬遜工
作，發現可以提升自己的能力，在職場步步高升，就
能加強他們留在亞馬遜工作的動力。

　　過去，亞馬遜大多採用已有工作經驗的人才，但
是從幾年前開始，也錄取剛從大學或研究所畢業的新

鮮人。無論是初出社會的菜鳥或轉換跑道的老鳥，亞馬遜都會給剛進亞馬遜的員工，一名職級比自己高、隸屬不同部門的「Mentor」（導師），以及一位與自己相同部門、職級也跟自己一樣的「Buddy」（夥伴），幫助新人順利融入亞馬遜的環境。

此外，各部門的經理每週必須和自己的部屬開一次「1 on 1」一對一會議，每次30分鐘。雖然這個會議沒有固定內容，但基本上經理會跟部屬確認年度計畫的進展、調整軌道，檢視進行中的企劃有何問題並給予建議，或是針對個別成員的職涯規劃提出建議。

無論如何，亞馬遜特意將「Hire and Develop the Best」列入領導方針，可以看出錄取人才、開發人才、人事的評估系統正是亞馬遜注重的特長。在說明完14條領導方針後，我會再針對這一點仔細解說。

7. Insist on the Highest Standards（堅持最高標準）──持續累積最高水準

「Insist」是代表「堅持、主張」的強烈意志，在這一項準則裡，也可以解釋為「追求」，追求的是「Highest Standards」，不是「Higher」高一點，而是

「Highest」最高水準。

　　自己推出的服務與企劃，是否實現了「Customer Obsession」的水準？設定目標後，絕對不能對目標有任何妥協，如果達不到最高水準的「標準」，就必須中止計畫。如果繼續投資，以達到最高水準的「標準」，就要不惜成本地投資，繼續開展事業。亞馬遜的創新，就是從持續累積最高水準而來的。

　　即使是由許多第三方賣家參與的亞馬遜市集，亞馬遜依舊貫徹顧客中心主義，提供高便利性服務。之所以能夠做到這一點，就是因為亞馬遜擁有不可妥協的崇高理想。

　　我在2017年成立「亞馬遜商業」（Amazon Business），這是針對企業提供販售採購服務的B2B事業。當時我親自驗證網站的每個步驟，感受顧客體驗，親眼確認每個步驟的說明文字與錯誤訊息，為了讓顧客擁有最佳體驗，我以事業領導者的身分帶頭示範。

　　我在統籌「亞馬遜商業」的時期，也曾因為技術問題一再推遲計畫，好不容易才於2017年9月正式上線。在測試程式的過程中，經常遇到錯誤或不順等問題，每個問題的層級都不同。儘管都是小問題，上線

後也能修正，但我還是決定延遲推出。

　　已經決定的計畫卻推遲了好幾次，一定會影響外界對於亞馬遜日本的信任度；即使如此，也要為了追求完美的顧客體驗，等一切完備後再推出服務。

8. Think Big（胸懷大志）—— 從寬廣的視野思考事物

　　這項準則大家應該一看就懂，「胸懷大志」，從寬廣的視野思考事物。

　　舉例來說，當我們提出新的服務計畫時，會先在團隊內部進行各種討論。若這項服務是針對某個目標族群，我們一定會問：「為什麼要以這個族群為目標對象？」；「如果擴大至其他族群，會不會有問題？」；「如果沒有問題，那就擴大至其他族群如何？」；「如果要擴大至其他族群，可能還要加入這些服務……」等。

　　團隊成員拉高「標準」，不受框架限制提出各種想法，透過腦力激盪熱烈討論，有時還會創造出前所未見的出色服務。我相信各位服務的公司也會這麼做，腦力激盪的目的是活化大腦，想出新的創意，基本原則是自由發想，不要批評。重量不重質，以聯想

的方式累積無數創意，腦力激盪是發想新創意最有效的方法。

不受刻板觀念束縛的「破壞性思考」（Disruptive Thinking），也是亞馬遜內部不斷重複的教誨。創新需要破壞性思考，為了打造有意義的創新，「Think Big」是不可或缺的條件。

不過，與「Invent and Simplify」一樣，突然要一個人「Think Big」是很難做到的，因此平時就要養成習慣。

亞馬遜每年編列預算時，都會附加 Long Range Plan（中長期計畫）或 3-Year Plan（三年計畫），並在預算範本裡寫下破壞性創意，相關詳情我會在第6章為各位介紹。由於有這個範本的關係，各團隊一定要強迫自己想出「破壞性創意」。不僅如此，每年舉行一次的體驗型研討會（內部稱為「創新峰會」），參與者都要提出幾個破壞性計畫，並由所有人遴選淘汰，最後獲選的計畫就會成為具體執行的專案。

透過這樣的機制，讓員工具備「Innovative」的精神，擁有「Think Big」的視野，平時養成胸懷大志的習慣。

9. Bias for Action（付諸行動）── 速度對商業至關重要

「Bias」的意思是「偏見」、「先入為主的觀念」，大部分的人乍看會難以理解其真正含義。「Bias」其實也有「傾向」、「偏愛」的意思，簡單來說，這一條鼓勵的是行動，也就是「崇尚行動」之意。就像英文的詳細說明文字所言：「Speed matters in business」，做生意最重要的是速度。

事實上，亞馬遜的工作與決定也最重視速度。例如，在驗證新專案實現的可能性時，儘管已經驗證了七成，卻因為「還有三成沒有驗證」而猶豫是否該執行時，就會遭到指責。亞馬遜追求的是，預測未驗證的三成可能包含哪些風險，以最快的速度建構具體執行的計畫。

根據過去的經驗驗證風險，就算失敗了，也要提出追究原因與進行下一個步驟的方案，或是回到原點，也就是想好兩條路可走，而非一股腦兒往前衝。事先想好回到原點的方法，就能不斷試誤。

亞馬遜最不希望的，就是因為害怕風險而中止計

畫。在追求「Insist on the Highest Standards」的同時，
也要追求「Bias for Action」。這兩條領導方針看似矛
盾，但貫徹這兩條方針是亞馬遜人的基本常識。

10. Frugality（節儉樸實）—— 與節省文具成本不同的儉約精神

「Frugality」就是「儉約」。亞馬遜不惜成本投資
創新，一心為了追求顧客的便利性，但亞馬遜也要求
所有員工具備儉約精神。

舉個小例子來說明，身為日本公司高層，我經常
到美國出差，公司提供的飛機票都是經濟艙，而且
是最便宜的打折機票，理由是員工搭商務艙出差與
「Customer Obsession」無關。

亞馬遜在展開新計畫或開會討論時，會執行
「Two Pizza Rule」（兩個披薩原則）。簡單來說，就是
參與人數必須控制在兩份披薩夠吃的程度，人數愈少
愈能快速展開，驗證可行性。話說回來，如果要說美
國的外送披薩很大，直徑達50公分，食量較小的日本
人可以有較多人來分這種冷笑話，可是行不通的。

與其投入龐大預算執行新企劃，將時間耗費在談

判溝通上，不如花較少的預算，由小團隊嘗試挑戰，這就是亞馬遜特有的儉約作風。

　　討論是否要錄取新員工時，也會採取相同做法。亞馬遜在編列預算時，不會詳查一般支出，但美國總公司會嚴格管理員工人數，也就是「Headcount」。公司會仔細查看各部門現在有多少人？明年的預算需要錄取多少新員工？公司會同意錄用多少人？

　　即使只需要一名新員工，也很難讓公司點頭同意。負責管理該部門的高層，必須先確定目前是否有無謂的工作？如果有，拿掉那些工作之後，現有人員是否可以處理？

　　簡單來說，亞馬遜的儉約精神，與一般公司減少文具、午休時間關燈這類「節省成本」的概念不同。如果有足夠的預算展開新專案，與其自己絞盡腦汁去做，許多公司更願意委託外部開發者執行。但是，這樣的做法有一個問題，公司只向外部開發者要求結果，專案成員無須思考過程中可能出現的課題或其他可能性，省略的是反芻經驗化為自身養分的過程。

　　在亞馬遜市集中，吸引新賣家是擴大商品數量的重要步驟。為此，業務員必須打電話或跑客戶，也可

以透過網路行銷在網站上宣傳，吸引賣家加入。簡單來說，就是在網路上說明在亞馬遜銷售商品的魅力，讓賣家主動登錄。

從「Frugality」與效率性的觀點來看，我認為與其增聘業務員，不如盡力改善只要少數人就能觸及許多賣家的網路行銷方案更有效，於是決定投資更多預算在網路行銷上。

秉持儉約的精神，自己動手與動腦，想出新的創意、產生創新的企劃，這就是亞馬遜追求的目標。

11. Earn Trust（贏得信任）——誠摯、毅然且具智慧的領導風範

「贏得信任」說起來容易，儘管人人都這麼想，但是要做到很難。附加說明文字指出，贏得信任的方法是尊重他人，善於傾聽。

此外，「也願意承認自己的錯誤。」其實，不只是領導者，任何人都很難承認自己的錯誤。大家會先感到羞恥，或基於頑固的想法不肯承認錯誤，有時即使發現自己做錯了，也不肯停止或回頭，最後反而損失慘重。

「想在別人面前做好人」，這樣的態度並不正確。當一個人只想受到別人喜愛，不希望別人討厭自己，即使看到別人的問題也無法點明，反而會陷入「互相討好」的虛偽關係之中。

這一條行事準則，可以說是誠摯、毅然且具智慧的領導風範。日本職場有聚餐文化，公司聚餐是很重要的溝通場合，但是自從當上公司高層之後，我就很少參加聚餐，這麼做是為了避免與部屬和業務相關者形成互相討好的關係。

念書的時候，我參加的是體育社團，我很喜歡聚餐，但我會避免由此衍生出的小圈圈。只要是我成立的團隊，我會捲起袖子身先士卒，在一旁領導成員。當我領導成員多達數百名的團隊時，我會綜觀整體，採行Cascade（瀑布式）層級溝通，明確指出方向，以不同的方式「Earn Trust」。

12. Dive Deep（追根究底）──「你深入挖掘真相了嗎？」

當團隊成員交出新提案給我時，我一定會問他：「你Dive Deep了嗎？」在亞馬遜內部的日常業務中，「Dive Deep」是很常用的用語，意思相當於「追根究底」。

　　舉例來說，一般公司常用的KPI（關鍵績效指標）在亞馬遜稱為「Key Metrics」（關鍵指標），各個部門每週、每月與每季都要提出這項績效報告。

　　這份績效報告必須揭露數字變化，包含預算同比、前月同比、去年同比等績效數字，列印出來之後，會是一本厚達數十頁、裡面密密麻麻都是數字的報告。各部門的窗口必須從密密麻麻的數字裡，察覺異常或奇怪的矛盾之處，不斷Dive Deep，找出問題的根本原因，想出改善方案。不僅如此，著眼點與改善點必須精細到1BPS（1個基點），也就是0.01％。

　　我在「Bias for Action」這條領導方針中，提到因為害怕未驗證的風險而降低速度會遭到指責。平時就養成從龐大數據中Dive Deep的習慣與經驗，就能養成從數據中讀取Fact（事實）的技能，精準預估機會和風險，做出正確、迅速的判斷，這一點絕對不容忽視。

　　基本上，亞馬遜人不是只執行這14條領導方針的其中一條或幾條，而是每一條都要貫徹，這是亞馬遜人的常識與基本要求。

　　我的前東家三住集團也很重視數字與分析，所以我對解讀數字充滿自信，但剛進亞馬遜日本的時候，

我還是花了很大的功夫，才看懂這些關鍵指標績效報告。後來，商業模式變得更多樣化，一個人又要綜合管理多個團隊，每週要看的績效報告多達數百份。

對於數字的敏感度，不只是從直向或橫向數列中找出不尋常的地方，或是快速算出比例（％），也不只是心算很快這類基礎能力。熟悉事業結構，據此了解各績效報告之間的關連與因果關係等細節，是深入解讀相關數據不可或缺的條件，也是我努力的目標。

13. Have Backbone; Disagree and Commit（有主見；敢承擔）── 互相尊重提出異議

依照說明文字的內容，這條領導方針指的是「遇到無法認同的情況或決策，應該態度尊重地提出質疑。即使這樣做會吃力不討好，也要敢於諫言」，清楚點明在亞馬遜內部提出異議的重要性。

面對上司或高層發表的意見，若根據自己的經驗和技能覺得有異議，也不應感到顧慮而把話吞進肚裡。提出異議時，態度應尊重、保持禮貌，而且有「Backbone」（骨氣；根據）。總而言之，就是要根據經驗法則，有憑有據地提出異議。

　　我在擔任亞馬遜日本各部門主管時，每天要開10～15次會。有的會議要通過預算，有的會議是制定新企劃的概念，每場會議大約30分鐘，最長差不多一個小時。由於我曾是日本商社海外分公司的負責人，擁有相當知識和經驗等獨特的基礎技能（Backbone），對於銷售、行銷、業務、製造、開發、物流、財務、人事、法務、客服等領域的豐富知識和經驗，我有自信不輸他人。不過，有時開的會議內容很專業，還有軟體和系統工程師與會，我必須以領導者的身分提出見解，或是決定是否要通過議案。

　　我的工作需要思考的瞬間爆發力，我一直告誡自己絕不妥協，不將「Disagree」（異議）吞下去。當然，如果遇到自己不懂的事情，我也會提問直到理解為止，並且努力做出正確判斷。

　　若與會同事也「Disagree」，他們也敢於諫言，經過充分的討論，使提案更為完善，這就是亞馬遜的文化。就算自己的提議最後沒有獲得認可，也要讓會議的結果成為公司決議，全力「Commit」（全力以赴）。

　　亞馬遜內部最討厭的就是「互相討好」與「妥協」，「Have Backbone; Disagree and Commit」這條準

則，蘊含著「互相尊重，充分討論，決定的事情要全力以赴」的明確意志。

說到「互相討好」的小圈圈，在亞馬遜成長的過程中，創辦人貝佐斯曾有一段時期召開「All-Hands Meeting」（全體會議）或發訊息，警告所有員工不可「結黨營私」，亦即不可形成「互相討好的小圈圈」。

14. Deliver Results（創造成果）── 亞馬遜人要做出成果

領導方針的最後一條言簡意賅，說明身為亞馬遜人最後都要「創造成果」。

亞馬遜追求的「成果」必須有利於「Customer Obsession」，在列出的14條領導方針中，除了「Customer Obsession」與「Deliver Results」這兩條，其他12條都是創造成果的捷徑與行動規範。

這一條的說明文字寫道：「聚焦於工作上的關鍵投入（Input）」，意思是只單純看營收和利潤並非「成果」，是否有助於Prime會員增加10萬人、網站來客數增加100萬人、直營商品數量增加2萬件等，這類關於事業的可擴展性和成長性，才是最應該關注的焦點。

一般公司會將營業額等數字視為「成果」，亞馬遜則將這些數字定位為「Output」（產出）。設定並達成「產出」目標當然很重要，但亞馬遜認可的工作「成果」，是對引領商業基礎成長必須的「投入」有多少貢獻。只要達成「投入」目標，自然就能達成「產出」目標。

外界最矚目的，通常是日本國內的總流通金額與營業額急速成長，但亞馬遜日本的業績產出，不過是各部門員工日積月累的投入成果罷了。

真正最重要的是增加投入、擴大產出的根基，這個態度讓亞馬遜透過提供包括電子商務在內的數位內容服務，確立傲視全球的地位。

亞馬遜日本特有的人才錄用法則

本章介紹的「領導方針」是全球亞馬遜培育人才的重要原則，也深深影響錄取新進員工的標準。

亞馬遜自從進軍日本以來，大多錄取已有工作經驗的員工，2012年開始才錄取應屆畢業生。一開始，錄取人數只有幾十名，從數量來看並不多。包括美國在內，世界各國的亞馬遜公司大多錄取 MBA（工商管

理碩士），不錄取剛畢業的大學生。現在錄取大學畢
業生的做法，已經成為亞馬遜日本的常態，這是以日
本特有的方式網羅優秀人才，可以說是亞馬遜日本特
有的嘗試。

　　我從2008年進入亞馬遜日本，當時的員工只有幾
百人，後來短短十年內增加至7,000人。[51]也就是說，
亞馬遜日本在這段期間錄用了大量人才，但亞馬遜選
人十分慎重，花費許多時間篩選，錄取率只有幾％而
已，可說是很難擠進的一道窄門。

　　亞馬遜之所以花時間篩選人才、仔細考核，是因
為事業的推手是人。人的資質、技能與經驗，對企業
來說是最重要的資產，這一點也反映出貝佐斯的理念。

　　接下來，為各位介紹亞馬遜日本錄用人才的流程。

　　錄取人數會由各部門審議預算後進行分配，亞馬
遜內部將錄取人數稱為「Headcount」，進行嚴格控
管，除非有正當理由，否則絕對不能錄取超過事先分
配好的人數，這更加突顯出錄用人才的重要性。

　　錄取職位的主管是面試官，也就是所謂的「Hiring
Manager」（招募經理），負責面試未來可能成為自己
部屬的人才。

　　我在2005年之前，任職於日本製造商JUKI株式會社。我以機器製造商為例，與亞馬遜比較。當時，我任職於海外分公司，必須自己錄用員工，完成公司架構。日本總公司則跟一般日本企業一樣，由人事部大量錄取應屆畢業生，再分配至各部門。基本上，人事部分配新人時，會考量當事者的強項與經驗，但新人必須花時間在部門裡培養專業知識，才能成為有用的戰力。公司每年都會重複相同的流程。

　　這個做法很適合長期以相同速度成長的公司，或是每年都有一定人數退休的企業。然而，商場瞬息萬變，機會隨時降臨，若是需要因應時勢擴張、強化組織成長，企業執行這樣的做法，就無法在必要時錄取合適的人才，導致無人可用的窘境。由熟悉實際工作內容的直屬長官，仔細查核相關經驗與技能選出適合人才，亞馬遜一貫的實務經驗驗證了亞馬遜做法的合理性。

　　公司通過錄用人數申請後，招募經理要先整理用人條件，寫成「職缺說明書」（Job Description）送交人事部。人事部再將職缺上傳至人力銀行、亞馬遜徵才頁面、LinkedIn等地方，對外發出徵才資訊。收到

求職者的履歷之後，會先經過書面審查與第一次面試等，後續的篩選（screening）過程全部由招募經理處理，而非人事部。

　　亞馬遜還有一項規則，最終（第二）面試的主考官人數，是錄取職位的職級數減一。換句話說，職級愈高，面試官的人數就會愈多，公司希望從多角度檢視求職者。舉例來說，職級7的資深經理，如果要招聘直屬職級6、也就是經理層級的人才，最終面試的主考官人數為「6（錄用職級數）減1」，亦即5人。除了招募經理之外，其餘四名主考官由招募經理決定。

十年面試1,000人，總共採用50人

　　不是誰都能擔任面試官，最終面試必須包含公司內部具有「Bar Raiser」（標準提升者）資格的專家。我也擔任過Bar Raiser，顧名思義，Bar Raiser是協助亞馬遜維持人才素質的管理者。

　　Bar Raiser是由公司內部相關團隊，綜合考量當事人過去的面試次數、經驗，與面試後的文書紀錄內容品質、業務經驗等選出，再經過幾次實地演練後委託的職務，亞馬遜日本約有數十位Bar Raiser。公司規定，

招募經理不能找部門內的 Bar Raiser，必須委託其他部門的 Bar Raiser 來面試，這麼做是為了做出客觀判斷。

實際面試時，招募經理會將14條領導方針，分配給包括 Bar Raiser 在內的多位主考官，由他們向求職者面試。不過，有時也會根據職務屬性，由多名主考官負責同一條領導方針來面試。舉例來說，假設這次要徵才的職務很重視「Dive Deep」，就會請兩名主考官負責這一條領導方針，雙重檢視求職者在這一點的特質是否符合職務需求。各位可以看出，領導方針也是亞馬遜的錄用標準。

結束所有面試程序後，主考官必須聚在一起開會，由 Bar Raiser 主持，經過討論後決定要錄用的求職者。

Bar Raiser 都有自己的職務，這不是專門負責面試新人的職務。我不知道亞馬遜內部的徵才系統過去面試了多少人，但我自己辭職時曾經計算過，我在亞馬遜日本的十年間，總共面試了 1,000 人，最後錄用的只有 50 人。我也曾遇過一週要面試超過 5 人的情形，擔任 Bar Raiser 沒有津貼或薪水，由於亞馬遜人都具備強烈的「Ownership」，才能在日常業務外充分盡到 Bar Raiser 的職責。

為了提升公司整體的表現，亞馬遜由深諳工作標準的「現場」員工負責面試，並由 Bar Raiser 協助面試，根據領導方針的要求，貫徹絕不妥協的高「標準」用人政策，積極維持人才素質。

亞馬遜重視資料和數據，徵才時卻不採用以檢測表為基準的分數制，而是由面試官主導的屬人主義評估制度，這一點真的很有趣。不過，這也是因為亞馬遜有很明確的徵才標準，亦即「我們的領導方針」，才能夠做到這一點。當然，再好的制度都有不足之處，我偶爾也會因為錄用錯人感到後悔……。

我在前東家工作時，曾經遇到要擴大海外分公司的規模，當時我堅持以自己的標準招募人才，反而因為標準過於感性，沒有明確的原則，導致員工素質良莠不齊，使得勞資雙方都很辛苦。那次的經驗讓我更加確定，建立明確的徵人標準，而且絕不妥協，是很重要的事情。

曾經有個獵才顧問跟我說：「亞馬遜日本經常開出幾十人、幾百人的職缺，是我們的大客戶，但是錄取率真的很低，不好處理。」

錄取率低的原因，在於面試官的問題也貫徹

「Dive Deep」的領導方針。舉例來說，為了確認求職者是否具有「Think Big」的特質，會針對求職者過去參與的企劃提問，對方會提出自己做過的大案子，話匣子一打開便停不下來。不過，亞馬遜的面試官會針對求職者的回答追問「為什麼？」，他們的職責就是剝去華麗的外衣、探究事物本質，以結果來看，亞馬遜的徵才標準就會變得很嚴格。

為新人設立30天、60天、90天的里程碑目標

亞馬遜日本對於人才開發的態度與對策，比大多數一般日本企業措置有方。

容我為各位說明一下亞馬遜的職級分類。負責在倉庫處理出貨作業的派遣或約聘員工的職級為1～2，職級3以上是正職員工，應屆畢業生一進公司就是職級4，職級6經理以上的職位為管理職。

職級7以上為總經理等級，旗下不只一個團隊，必須同時領導管理多個屬性不同的部門。職級7為資深經理，日本公司名片上的職稱為事業部長。職級8是總監，在日本是事業本部長。不知為何，亞馬遜沒有職級9。再上一階是職級10的副總，職級11的資

深副總是貝佐斯的直接部屬，平常與貝佐斯的互動最多。美國總公司的資深領導團隊 S-Team 成員（經營會議成員），都是職級 10 與 11 的高層。

貝佐斯本人是職級 12。各國的領導團隊（經營會議）成員與公司高層，都是職級 8 與 10 的各事業本部統籌者。

2008 年，我剛進亞馬遜的時候，員工必須自我成長，公司還沒有研修課程制度。現在亞馬遜提供員工各式各樣的進修機會，包括「領導方針」研修、一般公司常見的教育訓練、組織開發、領導管理能力、部下育成、專案管理等組織管理技能，以及加強英文能力或簡報技巧等個人技能領域。

不過，公司認為所有員工都應具備純熟的英文能力，因此和英文有關的進修課程並不多，員工必須自己想辦法。職級愈高，參加全球化研修課程與會議的機會就愈多。有一段時期，我一年要去美國出差十次。英文能力不夠好，就無法確實參加會議，也無法參與全球化專案；簡單來說，英文不好的人無法成大事。

我必須遺憾地告訴各位，無論你的工作能力有多強，如果溝通能力太差（英文不夠好），就不可能以

職級7資深經理以上的職位在亞馬遜工作，也不可能順利升遷。

前文提過，公司對員工有完整的支援體系，為每一位新進員工選定「Buddy」（夥伴）與「Mentor」（導師），在一段時間內幫助新人快速融入公司，包括指導工作的推動方法、工具的使用方式、學習領導方針的思想、理解公司文化等。平時若有問題，也會傾聽，為新人解惑。

此外，由直屬主管負責的「1 on 1」會議，也有助於公司內部的溝通。在「1 on 1」會議上，新進員工必須針對30天、60天與90天的里程碑目標，向主管報告執行目標的純熟度與成果。從這一點來看，也是幫助新人熟悉業務內容的方法。

目標設定必須「SMART」

外商公司常見的「延展性任務」（stretch assignment），日本企業極少積極採用。當員工的能力受到主管或公司高層認可，公司會交付超越職級的職位任務，在短時間內提升該職員的工作能力。

由於亞馬遜的成長速度很快，極度缺乏經理級以

上的人才，加上徵才標準嚴格，錄取新員工需要花費許多時間，因此必須積極培養有潛力的員工，讓有能力的人才順利升遷。

　　讓有能力的新力量參與更大的計畫，提升公司整體的活力，只要做出成果就會升遷，這是一種善用人才的方法。值得注意的是，若時機過早或過度評價員工的能力，將延展性任務交付給不適合的人，反而會讓當事者倍感壓力而承受不了，主管一定要慎用這個方法。

　　亞馬遜還有一個很棒的制度，那就是「Internal Transfer」（內部轉調）機制。只要當事者願意，隨時都能轉調部門。以前，必須進公司一年後才能轉調部門，現在的制度不同，即使是剛進公司的員工也能申請轉調。當然，轉調部門不是員工提出就會生效，就算是公司內部調動，也要經過前文說的面試流程，面試合格後，由招募經理確定採用。

　　姑且不論系統工程師這類專業職務，若想成為經理與資深經理這類統籌大部門的管理職，必須擔任過不同職務，成為資歷與經歷豐富的通才者。所有員工都很清楚這一點，公司為了鼓勵員工積極進取，透過

制度的設計，讓員工有機會在不同部門工作。

　　轉調範圍不限於日本國內，只要能力符合，也有機會前往包括美國總公司在內的海外據點工作。亞馬遜日本也有許多來自美國、歐洲和中國的外籍員工，他們都是利用社內轉調制度來到日本工作的。當然，也有不少日本公司錄取的員工，轉調到其他國家工作。

　　就像前文介紹過的，公司錄用新員工時，是由直屬主管負責面試錄取事宜。花了許多時間和成本好不容易才錄用的新人，工作不到一年就轉調到其他部門，對主管來說是很大的損失，但是主管絕對不會阻撓員工，因為主管最想成就的就是部屬的職涯發展，這是亞馬遜最重視的方針。

　　每年年初，部屬都要跟直屬主管「設立目標」，主管還要定期召開「1 on 1」會議，了解部屬是否達成目標，這個機制也是亞馬遜的優勢。設立目標追求的是「SMART」，也就是必須設定符合「S＝Specific」（具體化）、「M＝Measurable」（可衡量）、「A＝Achievable」（可達成）、「R＝Relevant」（與公司和團隊目標相關）、「T＝Time-Bound」（訂定明確的達成時間）五大原則的目標。

　　每位員工設定的目標不只一個，有些與自己的業務高度相關，像是「負責業務的顧客數要增加 1 萬人」、「商品數量從 10 萬增加到 15 萬」；有些則是提升個人技能，例如「提升英文能力到可以流暢主持全球型的會議」，目標十分廣泛。部屬要定期向主管報告，諮詢請益，在期限內達成目標。

　　這個方法相當簡單，隨時都能實行。

徹底執行 1 on 1 諮詢，協助部屬解決問題

　　我在管理亞馬遜市集與亞馬遜商業的四年間，在日本國內沒有直屬主管，所以每週都會跟美國總公司的主管、負責管理非美海外事業的資深副總通電話，進行「1 on 1」會議。

　　和主管在同一間辦公室工作時，見面和說話的機會就多，但是以我當時的情況，我必須在有限的時間裡，有效率地開完「1 on 1」會議。因此，開會前我會先列出「今天要討論的重點」，接著分成「報告」與「裁示」兩個部分，和主管討論。有時，我也會討論個人目標的最新進展。

　　在亞馬遜雖有職級與職稱之分，但公司內部不會

以職稱來稱呼主管。在日本公司經常聽到的「○○部長」、「○○課長」等敬稱，在亞馬遜內部完全聽不見。從新進員工到管理階層都是平等的，內部體制以促進溝通順暢為重要前提，充分推動沒有階級的工作互動關係。

儘管如此，以組織來說，還是存在著嚴謹的組織層級。由我負責管理的部門人數多達數百人，其中有些人覺得我很有距離感，不容易親近，這也是不爭的事實。不過，我和其他主管一樣，只要是主動表明想與我談談的部屬，我一定會召開「1 on 1」會議，傾聽對方的心聲，這就是亞馬遜的公司文化。

以我個人為例，我曾向總公司消費部門（零售、亞馬遜市集事業）的CEO，提出召開「1 on 1」會議的要求，趁著到美國出差的機會向對方諮詢。亞馬遜的組織相對平等，如何運用完全因人而異，這一點也會使每個人創造出不同成果。

像這樣目標明確，利用制度協助人才成長，提升員工更上一層樓的幹勁，也是亞馬遜得以急速成長的原因之一。

秉持三個公平，執行嚴謹的人事評估

亞馬遜人事評估的標準，[52] 比一般公司公平、嚴格，基本上分成三個層面來考核。

第一個層面是先前提過的，個人表現之於「SMART目標」的達成度。基本上，員工設定的是今年4月到明年3月的年度目標，會在9月檢視進度，並在隔年3月評估最後結果。

由於設定的目標可衡量，因此與直屬主管開會，有助於釐清目前的達成度，確實評估。達成度分成五個水平，從Outstanding，也就是遠遠超乎目標的最佳表現，到Unsatisfactory，亦即沒有成果、必須即刻改善的不滿意等級。很多公司都有類似的評估制度，分級評估員工績效。

第二個層面是以領導方針為基礎，評估當事者的領導能力與推動工作的方法等。誠如我一直強調的，領導方針是亞馬遜的「標準」，因此員工行為是否符合標準，是很重要的評估依據。至於評估結果則分成三種表現水準，最高的是值得效法的「Role Model」（典範），最低的則是要多用心創造價值的

「Development Needed」（需要發展）。

　　亞馬遜的人事評估方法比較不同，一般公司是由主管評估部屬，但在亞馬遜除了主管之外，同事、部屬，以及與工作有關的其他部門負責人都會參與評估，參照360度績效評估報告。所有評語必須具體寫出對方在什麼時候、什麼情形下，做到了或沒做到哪一條領導方針。

　　除了當事人自行請同事或其他部門同仁撰寫評語，有時主管也會另外請人評估。最後要收到對於該員工十多份的評語表，進行客觀評價。

　　由於委託者的主管會看自己寫的評語，因此接受委託的人會以認真的態度處理。如果寫得不夠確實，會讓主管對於寫評語的人留下不好印象，所以評估者必須十分注意自己撰寫的內容品質。

　　我通常會接到數十人的委託，請我撰寫評語。撰寫評語時，必須寫出具體實例，所以我會特別記住對方平時的言行與造成的後果。如果我跟對方不熟或關係不密切，我會婉拒。

　　最後，第三個考核層面是「成長性」的評估。

　　當公司急速成長時，光靠錄取外部人才根本來不

及因應人力需求，因此亞馬遜最重視的就是員工的成長性，極力培養現有員工、實施延展性任務的跨職級任用機制、加快升遷速度並交付難度較高的工作。

　　亞馬遜的人事績效評估分為常見的三個等級，最高的 High 是四年內職級可跳兩級的員工，最低的 Limited 是沒有升遷可能的員工。直屬主管必須綜合參考三個評估層面，做出最終的評估結果。如果只是主觀打分數，不但浪費別人提供的 360 度評估報告，也不免令人擔心會影響主管與部屬的關係。因此，各部門的評估會邀集各事業部門的長官，大家一起來確認評估結果，這個步驟稱為「Calibration」（校準）。

　　進入校準程序後，所有主管會共同討論，所以可能會出現這樣的討論過程：「這個人在 Invent and Simplify 的評價很高，從哪件事可以看得出來？」；「這位員工 Customer Obsession 的分數很低，可是他在這件事情發揮出領導力」；「為什麼這位員工的評價那麼低？」。接著，會調整或變更每位員工的評估結果，做出最終結論。

　　人事評估不可能百分百客觀公平，但亞馬遜的人事評估機制，能從各種不同的觀點，根據明確的標準

評估，實現了高度的客觀性與公平性。

　　我舉個實例說明，有位主管既不優秀，部屬也不敬服，他以十分主觀且不公正的方式為部屬打考績。不過，他的部屬也能評價主管，透過360度評估制度，當事主管的主管可以收到許多公正的評估報告。最後的結果當然是，那位主管被公司換掉了。

　　這種人事評估機制雖然還是無法杜絕一時的不公平現象，但基本上可以減少一般公司常見，員工們下班後一起喝酒抱怨主管，說出「那個人憑什麼職位比我高！」、「我沒辦法在那樣的主管底下做事」等不滿的情形。我認為，亞馬遜的做法發揮了職場淨化作用。

　　我也曾有一位十分優秀、工作能力很強的直接部屬，但是我看過360度評估報告之後，才發現他也有我不知道的另一面，甚至遭遇職場霸凌的問題，於是我改變自己的看法，重新訓練該名同仁，幫助他成長。

　　別人對我的360度評估報告，不只點出我自己沒有察覺到的不足之處，也讓我理解自己受人尊敬的原因。可以客觀檢視自己的強項，重新確認自己的弱點，了解應該改善的地方，當作日後實踐領導方針的參考。

　　在這裡，容我稍微岔開一下話題，人事評估制度雖然不可能做到完全公平，但我每次調動部門，一定會留下四封信給原部門的夥伴，我想與各位分享其中一封。

最後想說的話

　　各位辛苦了。

　　我收到好幾位夥伴寫了電子郵件給我，或是直接與我分享他們對於第一封信與第二封信的感想。無論如何，我的信能讓他們思考某些事，這是我最開心的事。交流的過程中，我發現大家都有共同的煩惱，我歸為「Unfairness」（不公平）與「Career」（職涯）兩大類，我想跟各位說說我個人的想法。請放心，我要說的不是公司方針，所以不會對各位產生任何影響。

　　請各位想想，在這個世界上，無論是商業範疇或個人生活，每件事都有可能Fair，也就是公平的嗎？我相信，各位一定經常面對毫無道理或不公平的遭遇，有些人說不定每天都會遇到。

　　原因很簡單，無論團隊、事業體、公司、社會或市場，都是由價值觀各異的人所組成的。每個人不僅想法不同，感受也不同，有時就會覺得不公平。

　　基本上，在各種情形下做的決定都是主觀的，不可能全部公平。長期來看，讓不同的人參與同一件事，就能達到平準化、盡量均衡，修正讓人感到不公平的事情。但短期而言，一定都會遇到自己覺得不公平的事情，例如：自己的想法明明很合理又正確，卻未被採納；主管總是在自己最忙的時候交辦新任務；或是覺得主管的決定錯誤等等。要讓所有人都感覺公平，實際上是不大可能的事情。

　　不公平，有時也跟人的自覺有關。Amazon事業以驚人的速度擴張，發展事業的組織也跟著擴增，雖然有「我們的領導方針」當作主軸，但是以此為標準決定想法的主體，還是具有不同價值觀的個人。

　　為了維持急速成長的組織運作，亞馬遜以

比其他公司更快的速度培養人才、加速升遷，
在這樣的情況下，難免會有偏頗之處。即使想
要打造百分之百公平的人事制度，也會受到個
人看法影響，產生不同解讀。大多數人覺得不
公平的地方在於，憑什麼是那個人？為什麼不
是我？

　　在難以避免不公平的環境中，大家都要冷
靜分析自己的實力，明白自己在成長階段中目
前所處的位置。看到身邊同事的成長，不禁感
到焦急與不甘心，這種心情確實也能提升我們
的幹勁，所以有這種感覺時，請妥善掌握機會
付諸行動。另一方面，請不要隨波逐流，客觀
地看待自己，能夠以自己的步調一步一步往上
走，這也是很棒的選擇。

　　時間會修正所有的不公平，有心的人一定
能夠看見。就算一時遇到不公平的事情，也不
可能永遠不公平。所以，要敏銳地掌握自己的
機會，機遇來的時候，要勇往直前，一氣呵
成。到底是什麼樣的機會？具體而言又是什

麼？我相信大家都知道我在說什麼。人有時會
故意收起天線，假裝自己沒有接收到機會來了
的電波，我也和大家一樣。

　　在一個組織裡，一定會存在著各式各樣的
人。倘若有人感到不公平，最好的因應方法就
是採取行動。若是你早就明白這個道理，就當
我多嘴吧！

　　期待各位發光發熱的時刻來臨，我衷心為各
位加油。

可以做好重要大事的公司高層總是不夠

　　在亞馬遜，經理級以上的公司管理階層，負有
「Hire and Develop the Best」的重責大任。誠如我在前
文中所說，錄取多少優秀員工？讓多少部屬升遷？這
些都會成為人事評估的重點。可以確定的是，根據評
估內容決定升遷與否，是全世界共通的標準。

　　亞馬遜進行最終評估時，會依評比將員工分成三
個等級，分別是「高」、「中」、「差」。只有被列入

「高績效」等級的人，會升到更高的職位。

經理級以上的升遷過程，與一般員工的不同，必須先由直屬主管在高層會議上提出升遷案，接著進行升遷審議。申請文件中詳載著各種資訊，包括進入亞馬遜前後的資歷、升遷理由、具體實踐了哪些領導方針、做出的重大貢獻如何反映在數字上、哪些特質或成就超越了更高職級的要求等，雖然有一些基本項目，但形式上更接近自由撰述。

贊成該名員工升遷的同仁（當事者職級以上的人）撰寫的評語也很重要，必須清楚註明為什麼該名員工值得升遷，主管一定要委託相關人員撰寫評語。

升遷文件的內容一定要精準詳盡，因此要花許多功夫準備，光是一項申請案就要耗費不少精力。此外，簡報時必須全程使用英文，這一點也考驗著主管的實力。從直屬主管的立場來看，多一個部屬升遷會提高自身評價，升遷審議會是向公司高層宣傳自己的好機會。

在亞馬遜，升遷講究的是實力主義，傳統日本公司的年功序列制度，以年資和職位論資排輩，訂定標準化的薪水，完全不在考量之內。話說回來，若是主管不

善於製作升遷文件，在審議會簡報時也無法好好回答高層的提問，那麼麾下的部屬恐怕就要自求多福了。

　　不過，有些工作評估被列為高績效的人雖然獲得升遷，隔年卻在更高一級的評估標準中被列入低績效等級。亞馬遜的工作環境對員工來說確實很嚴厲，每年一到績效評估時期，公司內部的氣氛就會變得很詭譎。但最終，亞馬遜只會留下最優秀的人才，並且錄用更優秀的新人才，建立良性的循環。

　　或許，有些人會想，這麼快就讓基層員工高升，公司不就有一堆高層了嗎？實際上，亞馬遜的成長速度很快，可以做好重要大事的公司高層總是不夠，為了解決這個問題，才會大開升遷之門。

　　職級愈高的人，愈容易被美國總公司的人看見，業務內容經常跨足多個部門，需要更優秀的工作表現。從外部空降的資深經理、總監、資深副總等高層不在少數，但是在其他公司創造奇蹟的人，也很可能無法順利融入亞馬遜的企業文化，工作上遲遲做不出成果，沒多久只好離職，這樣的情形也不少見。並非亞馬遜的員工過於優秀，而是有些人並不符合亞馬遜要求的領導方針。

亞馬遜組織架構存在的風險

「Span of control」（控制幅度）是亞馬遜的管理原則，決定了每位主管最低限度的管理範圍。一般來說，經理級主管會有至少三名部屬。「Manager of Manager」（經理的經理），也就是經理的主管，在亞馬遜體制裡是資深經理以上的職級，部屬至少有六名。職務掌管的業務複雜度，是由部屬人數來決定的。此外，經理並非日系公司的「課長」，指的是所有的「管理職」。

一個經理人可以管理的事業規模、掌管範圍、複雜性、組織規模等，是否有極限？我認為，個人的管理能力是有限的。我在管理硬體事業本部的時期，有十四名直接部屬，統籌將近十四個事業部，組織規模達數百人，真的超過我能負荷的程度。我光花在與部屬開「1 on 1」會議的時間，每週就要耗掉7～14個小時。

換個簡單的方式說明，根據我個人的經驗，一個人可以管理的規模是六名直接部屬，也就是六個不同的職務功能（Function），這也是亞馬遜Manager of Manager的最低管理範圍。這六名部屬若各自擁

有三名直接部屬，單位規模就達到18人。如果底下還有部屬，理論上組織可以無限垂直延伸，但是以我的經驗來說，經理人能夠確實掌握的層級只有兩層。若一個主管底下有三個層級，就必須授權給下一個層級的直接部屬，稱為「Delegation」（委任）、「Empowerment」（授權）。若不這麼做，就會失去控制，資訊傳遞也會變慢，主管的決策速度也會延遲。

在事業擴張的過程中，遇到需要更多業務功能的情形時，一定要重新分配團隊，錄用新的經理人，讓他管理能力範圍內的規模人數。這個做法對維持團隊功能來說相當重要，也是基本的組織設計。

現在大家都說扁平化組織較能發揮功能，但是隨著事業規模擴張，無法避免組織垂直發展的現象。這個時候必須建構多功能型團隊，讓資訊的傳遞管道通暢，橫向串聯多個部門。

有時，多功能型團隊的目標與最大主管想要的不同，畢竟亮眼的銷售成績與管理大型組織較能滿足人的虛榮心。所以，主責經理人很容易反其道而行，想要擴大自己的責任範圍，擴張單位規模。不只如此，不少經理人也會想要一展身手，藉領導之名統籌團

隊。事實上，這種狀態有一個很大的陷阱。

　　每個經理人都想要表現自己，便開始固守自己的團隊。有些經理人想讓別人注意到自己，想要自己的團隊比別人強，想要看起來體面，不想別人插手干涉自己的團隊，這樣的做法很容易發展出本位主義。

　　不瞞各位，我也有過相同經歷。我在掌管硬體事業本部打造團隊時，建立了組織文化，感覺很有成就感。後來調動到賣家服務事業本部，我也對組織和商業規模感到自負，萌生自我表現的欲望。

　　回過頭來，才發現我經常問自己，是否對公司做出足夠的貢獻？是否與其他部門發揮加乘作用，創造最好的績效？我的管理是否對公司內部有利？無可否認，我想永遠站在頂端、想要成為領袖，這些完全突顯出我的山大王性格。我發現，這樣的性格有時會阻礙自己的成長。

　　急速擴張的公司為了增加各式各樣的功能，打造有效率的組織，會分出一個個小團隊。企業要成長，一定要讓各個團隊或單位發揮自己的功能。

　　這個世上沒有完美的組織與公司，亞馬遜其實也有組織風險，當功能性業務單位增加時，每個經理人

都想表現自己，即使可能出現本位主義，只要將以
「Customer Obsession」為主軸的「領導方針」作為亞
馬遜人的最後依歸，就能發揮修正作用，將一切導回
正軌。

貝佐斯的薪資

　　在這一章的最後，來談談亞馬遜的薪酬制度，基
本上分為基本薪資與限制性股票單位，也就是「RSU」
（Restricted Stock Units）。公司針對績效佳、成長性
高的員工，除了基本薪酬外，也會分2～4年發放
amazon.com 的股票。如果是今年進公司、明年離職，
這樣無法領到股票；但只要工作2～4年，有些人會拿
到公司承諾發放的股票。

　　這項薪酬制度稱為「Retention Plan」（留任計
畫），是用來留住優秀員工的方法。有些員工能夠拿
到高出基本年薪好幾倍的限制性股票，儘管亞馬遜的
股價一直以來都有高低波動，但整體而言呈上升趨
勢，這也多虧員工就是創造公司財產的重要基礎。

　　容我說個小八卦，我手邊有一份2019年亞馬遜提
交美國證交會的報告，[53] 裡面有2018年 amazon.com 支

付給Executive Officer（執行長）的薪酬資料，數據很
有意思，提供各位探究。

姓名	薪資	股票	總計
Jeffrey P. Bezos, Chief Executive Officer	$81,840	$1,600,000	$1,681,840
Brian T. Olsavsky, SVP and Chief Financial Officer	$160,000	$6,770,149	$6,933,349
Jeffrey M. Blackburn, SVP, Business Development	$175,000	$10,221,162	$10,399,662
Andrew R. Jassy, CEO Amazon Web Services	$175,000	$19,466,434	$19,732,666
Jeffrey A. Wilke, CEO Worldwide Consumer	$175,000	$19,466,434	$19,722,047

　　安德魯・R・賈西（Andrew R. Jassy）與傑佛瑞・
A・威爾克（Jeffrey A.Wilke）這兩位的年薪大約20億
日圓（近2,000萬美金），*令人咋舌。

---

* 匯率波動，換算結果不同。若以1：30的匯率換算，約為新台幣6億元。

第6章　Still Day One——
保持第一天心態

強力又巧妙的企業治理與企業文化

在前面各章節中，為各位介紹了亞馬遜的商業模式、人才育成相關的想法和措施；綜合來說，這些都是「促進公司成長的機制」。

那麼，亞馬遜是以什麼具體方式，追求如此嚴謹的機制？首先，貝佐斯提出「飛輪」的商業模式，簡單明白指出基於顧客中心主義的理念促進公司成長。接著將目標具體化，建立錄取與培育人才的制度以達成目標。公司也從各個層面形成接下來要討論的企業文化，並使企業文化更加成熟。

本章將分享一些實務案例，介紹形成亞馬遜企業文化的要素。若各位看完也深感認同，不妨在日常事

務中實踐。

配置在各事業部的財務夥伴

「Governance」最直接的意思是「統治」與「治理」，對日本人來說，這個詞彙生硬刻板，但對日本企業來說，公司內部治理已經成為很重要的概念。如今，亞馬遜是貫徹高度治理的企業。

接下來，我會列出幾個亞馬遜公司內部與公司治理有關的獨特機制。首先，各事業部都配置了負責財務的人員，稱為「財務夥伴」（Finance Partner）。我擔任過幾個事業本部長，每個部門都有一到數名專責的財務夥伴，他們不是我的部屬，所有人都直接向財務部門負責，獨立報告。

各位聽到「財務」兩個字，可能會立刻聯想到管理資金調配、會計成本精算、現金流等與財會有關的工作，事實上他們查核的內容不是這些。財務夥伴要針對擔當事業部推動中的各種專案，進行目標進度管理，包含監察在內的預實（預算和實績）管理、精查涵蓋新專案在內的次年度預算數值的實效性。

不只針對營業額、利潤等產出，他們也會分析預

設的KPI與Key Metrics等投入相關數值，向各事業負責人建議專案進度、分析風險與機會等，同時向財務部門報告，這就是各事業部財務夥伴的工作。

身為事業負責人，我最直接的感想是：我們部門的事業被看光光了，「毫無隱私可言。」但是，這項監督機制可早期發現風險與機會，盡可能減少發生難以妥善掌控的問題的機率。

財務夥伴有時也能幫助事業負責人從數據的角度精準看待事業，必要時適時踩煞車。他們並非礙事的監察者，而是完整掌握了事業體執行中各項計畫與措施的相關數據，事業部門反而可以充分善用這一點。

事業部門若是向財務夥伴針對即將成立的專案提出「想要某某資料數據」的要求，他們會以最快的速度分析，做出數據報告。財務夥伴善於解讀數據，可充分發揮事業夥伴的角色，深受部門信賴。儘管說出的話有時不見得好聽，但是真的很重要。

金字塔型升級呈報系統

世界各地的亞馬遜都擁有相同的職級與高層階級，做決定的層級和可用預算都很清楚，這一點也與

貫徹公司治理有關。公司內部的氣氛公開透明，但金字塔型的組織階層相當明確。

　　亞馬遜有一個「Escalation」（升級呈報）制度，員工可以快速地從比直屬主管更高層級的長官獲得指示。

　　我在亞馬遜日本最後的職位是職級8的總監。職級7的資深經理在成立新企劃的時候，需要其他部門職級7的資深經理一起推動，但是遇到對方有自己優先處理的事情，進度可能就會很慢。有時，遇到需要動用超過該資深經理權限的預算和人才，也會使企劃進行不下去，這種時候就會來找權限更大的主管幫忙，也就是我。

　　當他們來找我，我發現這項企劃必須盡早處理的話，就會請求相關部門更高層級職級8與10的負責人一起推動案子。由於金字塔型組織階層的權限劃分十分明確，加上全球的職級權限都是一樣的，因此即使越洋升級也通暢無礙，這就是亞馬遜行之有年的文化與「標準」。

　　有些日本企業總公司的「課長」，實質權力甚至比海外分公司的「部長」還大，亞馬遜的職級全世界都一樣。「Disagree and Commit」的文化早已普及，

討論氣氛相當熱絡，但只要做了決定，即使是美國總公司職級7的員工，也會完全遵從職級8的我下達的主管指令。

由於同時進行的企劃很多，公司內部也建立了統籌管理的系統，其中最重要的是亞馬遜內部定期召開的「決策會議」。每個部門每週都在同一天的同一個時間舉行定期週會，會議名稱是其他公司也常用的「Weekly Business Review」（通稱WBR）。

容我舉例說明，在可能範圍內，我會盡量下放權力，讓我管理的各部門進行中的各項專案可以順利推動。專案負責人在WBR向我提出報告，我會「Dive Deep」，當場做決定。這個做法讓我能夠有效掌握底下多個部門的動向，也讓所有團隊成員明白我是「決策者」，進而幫助我蒐集各種數據，訂定優先順序，適度分配資源。

我也會向美國總公司報告當週WBR的重要事項，如果有我的權限無法決定的事情，我會請更高層級的主管裁決。如此一來，美國總公司也會收到相關資訊，在整體框架中適度分配資源，可以說是十分有效率的管理機制。

　　開發IT系統的權限在美國總公司，這是為了確立全球一致性服務的治理政策與「標準」。事實上，寫程式的工程師以美國和印度為中心，散布在世界各地，所有的開發團隊都直接由美國總公司管轄。舉例來說，即使是日本提出導入紅利點數制度的想法，也要先取得美國總公司的同意，由總公司分配必要的系統開發資源。換句話說，各國據點不能擅自導入自己的系統。

　　儘管亞馬遜只在全球16國成立官方據點，[*]以如此龐大的國際企業來說，官方據點數量意外地少，但所有官方據點都實施相同的商業模式。若允許各國開發、導入自己獨有的系統，就會出現加拉巴哥化現象（在獨立環境中演化出最適合該環境的特性，失去與其他地區的互換性，最終陷入被淘汰的危險），無法發揮加乘作用。很多公司都允許加拉巴哥化，但其實這會為公司帶來很大的風險。

　　為了以世界共通的服務為「標準」提高完成度，集中開發系統是很聰明的對策。由總公司認可新專案

---

[*]　至2022年底，已開設22個國家／地區網站。

或新年度預算，適度分配開發資源，對各事業負責人來說是非常重要的事情。為了使自己的專案或預算案通過，事前的調查、計畫與書面的提案文件，必須做得十分完備、具有說服力。

超過數百個亞馬遜用語

以簡單字句寫成的「我們的領導方針」，對於公司治理也發揮極大效果。道理很簡單，「Customer Obsession」、「Dive Deep」等行事準則早已跨越國境，成為全球亞馬遜人的共通語言。

公司要求所有員工徹底實踐領導方針，以「Bias for Action」這一條為例，所有亞馬遜人都有「做生意最重要的就是速度」這樣的觀念，連說明文字中的「我們重視評估後的冒險行為」這句話也是共通想法。

除了領導方針的字句之外，亞馬遜人日常對話中愛用的特殊單字和縮略語，也就是所謂的「亞馬遜用語」，應該超過一兩百個。舉例來說，「CRAP」是「Can't Realize a Profit」的縮略語，意思是「不賺錢的商品」。公司也鼓勵員工使用這些共通語言，可以跨越國境與職級，提高向心力，促進溝通，提升生產力。

　　從結構上來說，亞馬遜的商業模式屬於薄利多銷，以「Deliver Results」為最終目標，追求的不是營業額與利潤，而是有助於商業模式成長的「投入」，這一點我已在前一章說明過了。儘管如此，公司對於淨利率等詳細數字的要求十分嚴格，這對經營層級產生很大的壓力。即使這個月的淨利率，只比前一個月的下降 0.2％，公司也會徹底追問原因與因應對策。

　　我剛進亞馬遜日本時，公司還充滿了濃厚的創業精神。我負責管理每年成長數倍、利潤卻不成比例的家電類事業部門。我還記得，開視訊會議時，美國總公司的經營高層對著鏡頭丟筆，從我這邊來看，那支筆慢動作般撞到螢幕的畫面，至今仍記憶猶新。不僅如此，我提出的營運計畫也曾被高層往外丟，大罵「這完全不能用！」，當時經常發生類似情形。

　　亞馬遜並非一開始就是績優模範企業，也曾經歷過黑暗的年代，如今一切遵循法令，這種遊走在職場霸凌邊緣的行為早已消失。層級愈高，公司的要求就愈嚴格，就事論事且合理追求成果的文化已不可動搖。再說，如果亞馬遜低職級的基層員工拿到的資訊量和資訊品質，與接近經營高層的主管接收到的不

同，兩者看到的未來就會不同，很容易產生分歧。

　　不過，讓所有員工拿到相同資料也無濟於事。公司高層是靠冷冰冰的數據經營事業，這一點是不爭的事實。讓員工產生危機感雖然也很重要，但還是要秉持顧客中心主義率領團隊往前走。

　　下列觀點純粹是我的個人見解。美國曾是殖民地，後來成功爭取獨立，之後也統治了幾處殖民地，甚至占領其他國家的領土。過去的歷史使得美國善於建構「統治文化」的想法與技巧。高層下達的指示與命令明確爽快，有時卻毫不留情，顯得冷酷。

　　可以確定的是，以美國總公司為主的中央集權體制，創造強力又巧妙的治理風格，使得亞馬遜快速躍升為世界級企業。

　　若從日本人的角度反省自己，面對任何事情總是忍不住寬容體貼的特有「美德」就會跑出來。現在回頭想想，我之前擔任海外分公司社長時，就是過度尊重當地的風俗民情，很少干預插手公司經營，最後無法做出迅速、明確的決定，反而影響了治理成績。我在前前東家負責重建收購的法國公司時，一開始就知道那家公司處於快倒狀態，卻還是過於尊重當地，遲

遲不願清算公司，導致額外的金錢損失。今後若再讓我有機會以相同身分經營公司，我一定會毫不遲疑活用亞馬遜經驗。

Every day is still Day One—— 每一天都是第一天

　　亞馬遜人最常掛在嘴邊的口頭禪，也是最具代表性的一句話就是「Every day is still Day One」，意思是「每一天都是第一天。」從日文來解讀，這句話也有「莫忘初衷」的意思。亞馬遜日本網站上介紹企業概要的頁面裡，[54] 說明了以此為公司理念的原因。

　　「亞馬遜是在1995年，從一個小辦公室起家的。創辦人兼執行長貝佐斯相信World Wide Web（全球資訊網）的無限可能性，從零開始。當時很少人認為『網路零售店』會成功，因此他的做法可說是相當積極樂觀的挑戰。亞馬遜將每一天當成『Day One』，亦即踏出第一步的那一天，也是衷心期待新挑戰的那一天。今天對所有人來說都是『Day One』，朝著擴展精彩事業的目標邁進，你的創意開始成形的那一天。將每一天當成『Day One』的想法，成為支持亞馬遜的動力來源。」

貝佐斯在2018年捐出20億美元個人財產成立慈善基金會「Bezos Day One Fund」（貝佐斯第一天基金會），用來協助低所得家庭的兒童接受教育。不僅如此，亞馬遜在美國西雅圖南聯合湖區（South Lake Union）一帶擴建了Amazon Campus生活圈，其中有一棟名為「Day One」的高樓，貝佐斯的辦公室就在最高樓層。原本「Day One」是另一棟大樓的名字，但貝佐斯在將自己的辦公室搬遷到南聯合湖區的新大樓時，便將之前的大樓改名為「still Day One」。。

2011年到2013年間，公司規模急速擴張，貝佐斯經常使用「Social Cohesion」這個詞彙，意思是「社會凝聚力」、「一體性」等等，若加以延伸，也能說成「小團體」。

隨著急速成長，亞馬遜的商業範圍與規模快速擴張，全球的員工人數也暴增。在這個階段，亞馬遜已經失去了草創時期的危機感和速度感，員工們時常倚賴公司，衍生「只要待在亞馬遜，就不用擔心生活了」的安心感，也比較容易對現實妥協，認為「這件事不用我做」、「這件事無須現在做。」貝佐斯反覆叮囑提醒員工，這種可怕的大企業病已經蔓延開來了。

在此背景下，「Social Cohesion」很快就在公司內部普及。開會時，如果出現妥協的情形，就會有人提醒「這是Social Cohesion」，逐漸成為公司內部的日常用語。

貝佐斯每年寄出年報時，都會附上一封致股東信。[*]從1997年創業至今，他每年都承諾股東，為了維持「still Day One」的心態，亞馬遜隨時將顧客放在心上，堅持創造成果，迅速做出決斷等。

貝佐斯在〈2016年致股東信〉的開頭提到了第二天，他說「Day 2 is stasis」，意思是「第二天是停滯。」這封致股東信的全文，我刊載在本書最後，各位可以參考，在此先概略摘要如下。

▶ 貝佐斯提出的 Day 2 要點

- 第二天是停滯，接著是折磨又痛苦的衰落，然後是死亡。這是我們保持 Day One 的理由。衰落的速度極其緩慢，一間成熟的公司 Day 2 可能維持好幾十年，時間相當漫長，但結局終究到來。

---

[*] 2021年4月發布的〈2020年致股東信〉，是貝佐斯以執行長身分發出的最後一封股東信。

- 如何避免 Day 2？方法有很多，包括專注於競爭對手、專注於商品、專注於技術、專注於商業模式，但維持 Day 1 的基礎在於真正的「Customer Obsession」。為什麼？因為即使顧客表面上說沒問題、很滿意，他們從未真正百分之百滿意。而且不知為何，顧客總是喜愛追求新事物，因此亞馬遜一直為顧客提供新的產品與服務。舉例來說，Prime 服務並非因為哪位顧客提出具體需求才推出的，是亞馬遜主動設計出來的。

- 隨著公司規模擴大，委外業務過多是很危險的事情。如果你不注意流程，流程就會變成公司營運的主要風險。因此，要時刻問自己，流程是否由我們掌控？還是流程控制了我們？

- 市場調查和顧客滿意度調查也很危險。假設有項問卷調查的結果是，55％的貝他測試者感到滿意，比上一次的47％還高（開發中的軟體與網路服務在上市前，會先請使用者試用測試版本，請使用者針對性能、功能、好用度等項目打分數。）要確實解釋這個結果是十分困難的，而且很容易造成誤解。我不否認調查的重要性，但開發者和設計者應該鉅細

靡遺地了解顧客需求，調查只是用來確認是否有盲
點，如果找到盲點，就好好修正。好的顧客體驗都
是來自心情、直覺與好奇心，問卷調查無法確實查
核這些面向。

- 對於外部潮流不再敏銳，也是 Day 2 開始的徵兆，
  這十分危險。敏銳掌握外部潮流是很重要的，例
  如：機器學習（Machine learning）、AI 技術等，如
  今許多電腦技術早已演算法化、自動化。亞馬遜十
  分注意外部潮流，透過 Alexa 語音辨識智能助理和
  AWS 深入掌握最新潮流。

- 決策太慢也是導致 Day 2 的主要因素。大企業可以
  做出正確判斷，但判斷速度太慢。若要維持 Day 1，
  必須迅速做出正確決定。做生意最重要的就是速
  度，而且待在速戰速決的環境裡，會讓人比較開心。

- 你是否也害怕風險，必須蒐集到九成的資訊才會做
  決定？為什麼蒐集到七成的資訊不能做決定呢？若
  是做出錯誤決定，只要立刻停止，及時修正才是最
  重要的。

　　Day 2 的警鐘持續敲響著。

　　上述內容對許多在大企業工作的人來說，是否覺

得被說中痛處？公司內部的官僚流程，不必要增生的垂直型組織，這些都是常見的大企業病。很多人就算察覺到這一點，也很難能夠扭轉乾坤，無法實行講求速度的公司文化，更難在經營上做出變革。

貝佐斯預言「亞馬遜遲早會倒閉」，[55] 他說：「亞馬遜早晚會倒，以大企業來說，壽命只有30年，不會到100年。」貝佐斯還說：「如果我們不專注在顧客身上，而是將心力放在自己身上，那我們就開始走向終點了。亞馬遜的職責是專注於顧客，盡可能推遲倒閉的時間。」

這些話傳遍了在亞馬遜工作的員工，培養出員工的危機感，成為不可動搖的企業文化。

人才多元化，打造獨特的企業文化

盡早推動錄用人才的「Diversity」（多元化、多樣化），也是亞馬遜培養獨特企業文化的重要助力。

提到人才多元化，日本人最先想到的就是錄用女性，事實上不僅如此。除了性別之外，國籍、人種，甚至包含LGBT（同性戀者、雙性戀者、跨性別者的英文縮略字）在內，亞馬遜積極錄用各種人才。

　　亞馬遜推動人才多樣化的方法十分明確，針對女性錄用比例、管理職的女性比例、外國人錄用比例等項目設定目標值，要求各國各個部門一定要達成目標。亞馬遜不會花大把時間爭論多元化的對錯或方法，只要討論到一定程度，覺得方向大致上正確，就會設定目標值，付諸行動，接著進行Tracking（追蹤、分析）。這種人才錄用的方法，與推動事業完全相同。此外，亞馬遜的跨國調動相對容易，亞馬遜日本也有愈來愈多來自美國總公司和其他海外分公司的人才，其他國家也是一樣。

　　多元化的好處是可以產生多樣化的創意與意見，男性較多的組織或只有日本人的想法，很容易受限於偏頗的常識。環境背景不同的員工交換意見，可以找到全新的切入點，成為亞馬遜的「標準」。

　　要打造一個所有國籍的人都能夠輕鬆工作的環境，就必須以英文為主要的溝通語言，打造這樣的工作環境很重要。其實，不只在亞馬遜，想在活躍國際的世界級公司工作，提升英文能力是基本條件，這一點無須多說，相信各位都能理解。

　　我在前一章曾經說過，每次調動部門，我一定會

留下四封信給原部門的夥伴，其中一封跟多元化有關，我想趁機在此與各位分享。

最後想說的話

接下來，我會分三到四次，向各位傾訴我最後想說的話。這些內容都是我的個人見解，不是公司方針，請各位參考。

第一封信，我想分享與「Diversity」（多元化）有關的想法。各位的新主管是一位不會說日語的外國人，因此引發了許多想像。這次的人事調動對各位、對事業推廣，會有什麼影響？

面對多種不同的市場，亞馬遜追求地球上最豐富、多樣化的商品，不只網羅日本國內的商品，也從海外精選商品，擴大商品線。藉由這個方式，亞馬遜接觸到不分男女老幼、人種與宗教等各種消費者，而且愈來愈能夠滿足顧客需求，提高顧客滿意度。

光靠豐富的商品是不夠的，還要積極追求便利性。有時必須讓所有顧客感到方便，有時

必須滿足個別需求，做出相對應的服務。網站上有日文、英文和中文的語言選項，方便海外消費者在 amazon.co.jp 購物，就是其中一例。

年齡、性別、人種、語言、宗教、家庭結構、學歷……公司的每位員工都有自己的特色，創造了多樣化的企業文化，進而誕生各種不同的創意與決定，提供多元的服務。

想要統籌如此多樣化的組織，必須具備可用工具，那就是促進溝通的共通語言。目前，世界的共通語言是英語，加上亞馬遜是美國企業，最好的溝通工具自然是英語，這對日本人來說，確實是個挑戰。透過共通語言，領導方針等行為規範與 Tenets（教義）得以普及於全世界的亞馬遜人，推動全球化戰略。

到目前為止，我們團隊裡大部分的成員都會日語，因此幾乎都是用日語溝通。但今後隨著 Diversity 日漸發展，英語一定會變得愈來愈重要。但這不是什麼特殊情況或案例，這是自然而然的結果。各位也不用太在意，以平常心看

待、接受即可。團隊成員不需要刻意說英語，也不需要隨時隨地說英語。

不過，畢竟各位選擇進入美國企業工作，若是有意繼續往上爬，想和多元化的社內與社外Stakeholder（利害關係人）合作，制定戰略、推動事業、管理組織等，足夠的英文能力是實踐目標的必要工具。層級愈高的人，愈需要高度的英文溝通能力，以及推動事業的手腕。

各位都有上進心，相信已經明白自己該做什麼了。各位或多或少都會感到壓力，但在發展個人職涯的過程中，這是一定需要具備的能力，不是加分條件。

在這次職務調動中接任我的主管，將繼續推動未完成的Global project，也會與許多美國總公司的Stakeholder合作，相信一定會將各位帶往更大的舞台發展。我衷心期待這個部門未來的改變。

最後，由於新任主管不會說日語，今後將由其他領導者負責將「VOC」（Voice of Customer，

顧客心聲）反映在經營策略上，處理對外發言、
與各位溝通等事宜。請各位務必協助新主管，我
認識新任主管超過兩年，無論從人品或經驗來
看，他都是比我更好的人才。請各位放心，他一
定會堅定地帶著各位往前走。

　　衷心希望各位能從這封信明白我想說的話。

業績分析重視1基點（0.01％）的差異

　　凡事「Dive Deep」（追根究底），根據數字做決
定，這已經是亞馬遜特有的企業文化。不僅如此，公
司環境也允許所有員工可以「Dive Deep」各項數據。

　　舉例來說，將公司內部所有數據蒐集在系統內，
每位員工都能登入系統，進行確認。若是用Excel等文
書軟體整理龐大數據，不僅受到個人技能影響，龐大
數據也很容易產生錯誤。

　　當然，不是所有員工都能搜尋瀏覽所有的數據，
不同的職級與職務，閱覽權限也不一樣。這套系統全
世界都一樣，可以依照部門或商品類別提供細部數據。

　　只要擁有閱覽權限，即使是亞馬遜日本的生鮮食品負責人，在制定戰略時，也可以調出亞馬遜英國的生鮮食品每月營業額變化，取材熱門商品的營業額和利潤當作參考資料，立刻就能找到相關的詳細數據。

　　召開內部會議時，如果想要參考KPI和Key Metrics等數據，只要登入自動化系統，點幾次滑鼠就能找到。可以依照自己想要了解的期間，例如：每週、每月、每季、每半年等，迅速調出資料。這有助於確認進度，決定下一階段的做法，有效提高會議的精準度。

　　「Active Base Costing」（作業基礎成本制）通稱為「ABC」，這是以作業為基礎計算成本的制度，可掌握每項單品的淨利率，是很棒的會計管理制度，可以提供員工合理、高度精準的數據。

　　通常，亞馬遜在分析業績等數據時，會詳細討論到「BPS」。這不是顯示通訊傳輸速度的「bits per second」（每秒傳輸位元數），而是金融業界衡量利率時使用的最小單位──萬分率「Basis Point」（BP＝基點）。簡單來說，亞馬遜最重視的單位是1BP，也就是0.01％。

　　話說回來，亞馬遜的事業規模早已達到數兆日圓，精密計算到 1BP 也是理所當然的事。雖然 1,000 萬日圓的 1BP（0.01％）不過是 1,000 日圓，但 1 兆日圓的 1BP 是 1,000 萬日圓，數字相當龐大。從企業角度來說，自然要以「Customer Obsession」為優先，同時徹底管理每個商品類別和廠商，盡一切努力改善淨利率等經營成效。

企劃書是「未來新聞稿」

　　文件製作通常也與公司文化有關，亞馬遜也有獨特的規則，其中最特別的是「新聞稿」原則。[56]

　　「新聞稿」是公司在推出新的產品、服務或活動時，寄給媒體（記者）的宣傳文件。不過，亞馬遜在內部提出新的企劃案時，要求提案人將提議的服務，當成未來公司推出的事業，寫出一篇「未來新聞稿」。

　　新聞稿的內容有嚴格規定。首先，必須明白寫出「哪些顧客可以享受這項服務的好處？」。通常，一般新專案的企劃書，都是以「提案者」認為對的邏輯寫成的，但在亞馬遜提出的新專案企劃書，必須從「顧客」的角度出發寫成一篇新聞稿，強調新服務的價值。

不只是服務名稱，還有這項服務的目標族群是想解決什麼煩惱的人？以及提供這項服務可以為公司帶來什麼好處？這些都是新聞稿的必要內容，也是撰寫的重點原則。原因很簡單，這份新聞稿的說明內容來自「Working backwards from Customers」（站在顧客立場行動）的想法，這是亞馬遜的重要經營理念。至於公司是否通過企劃案，則要根據負責部門撰寫的新聞稿討論決定。

成立企劃案的時候，第一步就是從顧客立場撰寫新聞稿，這個步驟有助於「目標明確」。在實際推動事業的過程中，很容易因為進貨時程的安排或自己手邊的工作進度，不得不妥協而暫時延後新計畫。但在亞馬遜，絕對不能損害顧客權益，必須堅持這樣的主軸，這也是新聞稿發揮的功能。

下列我以最後負責的B2B事業「亞馬遜商業」新聞稿為例，提供各位參考。

Amazon於日本推出公司與個人賣家專屬的採購網站Amazon Business服務

- Amazon不只提供既有的豐富品項、低廉價格與便利性，也因應辦公室、工廠、大學、研究機構及公家機關的需求推出新服務
- 可以月結付款、制定交易條件、顯示未稅價格、導入購買分析與報告等功能
- 公司與個人賣家可免費登錄亞馬遜商業帳戶，享受「期間限定配送優惠」、「公司價」與「數量折扣」等功能，節省時間和成本

2017年9月20日

　　綜合性網站Amazon.co.jp（下列稱為Amazon）於今天9月20日，推出專為中小企業、國際企業、大學與學校等教育研究機關、公家機關等，不限規模與業態設計的全新採購網站，可滿足所有公司與個人賣家的採購需求。這項新的服務稱為「Amazon Business」，網址為www.amazon.co.jp/business。

使用Amazon Business，顧客可以要求月結付款，也可以透過數據統計追蹤自家的採購性質與歷史，還有購買分析與報告功能，方便控管成本，提供企業採購需要的多樣化功能。Amazon Business客戶享有公司價、數量折扣與期間限定配送優惠等功能。Amazon Business不只提供Amazon既有的豐富品項、低廉價格與便利性，還推出上述所有服務與功能。

客戶可從Amazon Business超過兩億種的商品中，輕鬆找到自己想要的用品，從一般辦公必備用品，包括筆記型電腦、印表機、網路設備、記憶體……到文具、家具等。因應設備管理與維修保養需要，網站上也有總計超過100萬件的電動工具、產業用品及安全保護用品等。如果是與汽車有關的業者，網站上有輪胎、原廠零件、塗料、汽車用品等超過500萬件商品。不僅於此，餐飲店也能買到桌布、酒吧用品、清潔用品等廚房用具和調理器具，品項相當豐富。大學和

研究機構如果需要顯微鏡等科學與實驗用品，也能從數萬件商品中找到自己需要的。

Amazon Business事業本部事業本部長星健一表示：「我十分高興能讓日本企業用戶使用Amazon Business的服務。為了滿足個人事業主、中小企業的採購負責人、國際企業的用品調配負責人等更多客戶的商務需求，我們提供豐富的商品與多元化的服務。Amazon聆聽客戶的聲音，添加了更簡單、更方便的功能，讓商務採購更順暢。不只擁有全新功能與超過兩億種商品，還有期間限定的配送優惠，使用免費宅配能在隔天收到貨。在Amazon Business也能使用熟悉的Amazon服務，歡迎公司行號多多利用。」

國立大學法人大阪大學財務部長佐藤規朗也表示：「我們是一開始就結合Amazon Business系統的日本大學。使用Amazon Business的服務，不只能以公司價採購需要的用品，結合本校的採購系統，還能提升採購與會計業務的效率，可望達到節省成本、採購便利的具體目標。」

▶ Amazon Business 的主要功能

- **期間限定配送優惠**：登錄成為Amazon Business會員後，凡是將據點設置在日本的組織與公司，都能免費享受加速宅配、指定日期配送等服務。

- **月結付款**：除了Amazon既有的信用卡付款、貨到付款等常見的支付方式，也可以憑請款單月結付款。

- **客製化交易條件**：為了更具體管理支出，會員可以自行設定核可權限與最低金額等交易功能。

- **製作報價單**：可將報價單製成PDF檔列印出來，方便公司內部確認價格與交易條件，加速公司內部的審核流程。

- **購買分析與報告**：從購買時間、購買品項、部門、購買方法等角度切入，製作報告分析內容，依照不同客戶提供客製化服務。

- **顯示未稅價格**：無論是商品頁面、購買頁

面、請款單與收據，皆同時顯示含稅（消費
稅）與未稅價格。

- **結合採購系統**：可結合既有採購系統，包括
SAP Ariba、軟體銀行集團旗下 SB C&S Corp.
的雲端採購服務 PurchaseOne 等。

　　Amazon Business 一如既往，滿足顧客的期待。

- **誘人的價格**：Amazon Business 有許多賣家銷
售商品，客戶能在此找到最合適的價格。不
僅如此，部分商品還能使用公司價或數量折
扣等優惠。

- **豐富的商品**：除了網羅超過兩億種商品，還
有許多公司限定商品。

- **方便購買**：針對同一件商品同時顯示不同
賣家的售價，方便比價。此外，Amazon
Business 也提供手機用戶最好的購買體驗。網
站提供日文、英文、中文等不同語言版本，
滿足不同企業客戶的需求。

- **詳細的商品資訊**：商品頁面的內容，包括高

畫質商品照片、商品尺寸、使用方法等詳細
資訊，還有介紹用法的影片與客戶評價。

- **Amazon Business客服中心**：在客服中心，客
  戶可以透過電話、電子郵件、通訊軟體與專
  責窗口通話（全年無休，受理時間：早上9點
  到下午6點。）

　　美國於2015年4月開始Amazon Business服
務，現在的企業用戶已達百萬家以上。此外，
德國和英國也分別從2016年12月、2017年4月
開始提供服務。

　　上述的新聞稿是2017年9月日本開始推出Amazon
Business服務時公開的文件，雖然內容有些改寫更
動，但絕大部分都與2015年籌備階段的企劃書相同。
　　開頭明確指出Amazon Business的目標顧客是：
「中小企業、國際企業、大學與學校等教育研究機
關、公家機關等，不限規模與業態設計的採購需
求」，接著說明服務內容，還引述了大學採購部門的
現身說法，透過客戶心聲佐證服務的優點。不僅如

此，也清楚載明了 Amazon Business 提供的具體服務
內容。在提案階段完成此基本架構，方便專案經理與
工程師將其融入系統結構的設計之中，落實 Amazon
Business 的所有承諾。

禁用 PowerPoint 的原因

　　亞馬遜社內簡報禁用 PowerPoint 一事，早已傳
遍業界。事實上，發出「PowerPoint 禁令」的不是別
人，正是貝佐斯。關於貝佐斯禁用 PowerPoint 的原
因，公司內部流傳著好幾個版本，我覺得最有可能的
是與外部顧問公司有關的故事。

　　話說亞馬遜剛成立的時候，貝佐斯委託顧問公司
提案，希望能夠建立服務的基礎架構。顧問公司使出
渾身解數製作 PowerPoint 資料，簡報過程展示宛如高
級連環畫劇的視覺效果，卻沒有具體方案，貝佐斯不
知道對方的提案重點，因此勃然大怒。

　　通常，一般人使用 PowerPoint 做簡報，只會在檔
案上簡單列出重點，然後靠口頭說明補充細節。有的
人會插入大量精美圖表，強調企劃案的優點與效果，
有的人會用動畫輔助，花費許多時間製作簡報。

　　然而，簡報結束後回頭看書面資料，卻發現重點全都是口頭報告，資料上沒寫太多，很容易讓看的人「一頭霧水」。貝佐斯身為亞馬遜創辦人，建立了明確的組織階層，要求所有問題都要迅速解決，自然無法接受如此麻煩、浪費時間又沒有成效的事情。

　　貝佐斯也不喜歡員工簡報時使用太多圖表，因為圖表會參雜太多個人主觀意見。只要放入一張簡單的長條圖，利用雙軸刻度與長條長度增添變化，就能給人新的視覺。圓餅圖的缺點是不容易比較，所以公司內部不用圓餅圖，外觀華麗卻意義不大的立體圖表也在禁用之列。

商業文件以1頁或6頁形式寫成

　　亞馬遜內部的商業文件，必須以1頁或6頁的「Narrative」敘事形式寫成，用1頁或6頁的A4篇幅「說故事」來傳達你想說的話。

　　基本上，在公司內部提出的報告書等文件資料，要簡潔地統整在1頁裡。如果是年度預算書或大型企劃提案，則統整在6頁裡。文件內容只要寫出主題（討論議題）大綱和說明文字即可，如果需要列出詳

細的數據或補充資料，則以「Appendix」（附件）方式提出，附件的頁數不拘。

在6頁文件的會議上，一開始的15～20分鐘，會先讓所有成員閱讀文件內容。在安靜無聲的會議室裡，所有人專注閱讀文件，氣氛顯得十分嚴謹。

接著，出席者會根據每一頁的內容向提案者，也就是會議主持人提出質疑，會議主持人必須一一回答問題，再根據大家的反饋或建議進行討論。基本上，與會成員會一直「Dive Deep」（追根究底），不斷提出問題。提案者必須事先掌握並理解這項提案的所有細節，才能夠有條理地回答所有問題，同時要具備說明能力和說服力，才能讓與會者對企劃案產生共鳴。

2009年，亞馬遜開始徹底實行1頁與6頁企劃案規定。其實，六張A4大小的企劃案要寫的文字量並不少，但是剛開始推動這項規定時，遇到規模較大的預算案或企劃案，會覺得6頁不夠寫。如果只有1頁，為了將必要內容放進一張A4，必須捨棄無謂的細枝末節，更沒有空間寫入言不及義的託辭。

最初實施的時期並未嚴格審查，不少人縮小字級或行距，盡可能增加空間，擠進更多文字。不過，隨

著時間過去，大家都習慣遵守公司規定寫企劃案，學會在固定格式中建構自己的論述主旨。這項要求讓我學會如何去蕪存菁，整理自己的思緒。

內部文件的五個目的

　　為什麼亞馬遜在大多數情況下會要求員工撰寫上述這樣的文件，並且經過一連串討論的過程？亞馬遜這麼做的目的如下：

❶ **效率化**：事先讓所有人看過企劃案，取得必要資訊後，就能立刻開始討論。如此既可縮短會議時間，又能做出好的結論。

❷ **提升問題與討論的品質**：所有人獲得相同資訊，可以深化提問的內容，提出有建設性的意見，讓討論方向更加明確。

❸ **維持現場的公平性**：一般公司裡最引人注目的，通常是勇於發言、積極主動的人，他們會用具有震撼性的投影片做簡報。若統一以書面文件做簡報，所有與會者都能公平地說明自己的想法，讓人更容易理解提案者的創意與戰略。

❹ **戰略性思考**：撰寫文章的過程，有助於提案者根據

數據和事實思考。PowerPoint 容易流於表面事實或基礎數據，無法深入說明。寫成文章可以詳細說明來龍去脈，以說故事的方式傳達，讓所有人達成共識。

❺**記錄過去的想法與決議事項**：有些團隊成員因為某些原因無法出席會議，新聞稿形式的企劃書可以讓這些成員輕鬆掌握企劃內容，不會出現跟不上進度的狀況。將來若是想要再次確認當時決定這件事的背景原因，新聞稿是最有用的文件，因此公司會以方便搜尋的方式保存下來。

話說回來，要整理歸納數量龐大的文件，還要聰明保存、方便日後搜尋運用，是一件很難的事情。有時，也會遇到重複製作類似企劃案的情形。

貝佐斯要求的高度文章力

貝佐斯要求員工以 Word 檔案格式撰寫公司內部的企劃案與書面文件，這麼做是為了讓提案者以淺顯易懂的方式，呈現文件內容的本質，讓參加會議的成員或閱讀文件的人，可以提出更具體、更有意義的問題與反饋。貝佐斯曾對 6 頁企劃案的優點提出個人見解，我列出原文與各位一起分享。

"Full Sentences are harder to write. They have verbs. The paragraphs have topic sentences. There is no way to write a six-page, narratively structured memo and not have clear thinking."

意思是：「完整的構句比較難寫。每個句子都包含動詞，每個段落都有主題句。沒有清晰思路的話，不可能以敘事架構寫出一份六頁書面文件。」

貝佐斯對文章的品質要求很高。當然，追求高品質文件，早已成為亞馬遜內部的企業文化。話說回來，高品質文件的優點在哪裡？有沒有什麼制式規則與格式，只要照著寫就能寫出高品質文件？接下來，我為各位分享相關重點。

▶書面文件的製作規則

基本規則

❶檢查與校訂過程

書面文件最重要的是，用字與文法絕對不能出錯，這是寫作基本，出錯會降低提案者與企劃案的可信度，而且也容易讓與會者分心，無法專注研究提案內容。為了避免出錯，提案者必須不斷檢查與訂正。

　　檢查過後，還要請同事或上司複查。這個過程會讓提案者有新的發現，可以提升文件品質。

　　此外，不要等到蒐集完資料才開始寫，資訊不足的部分可以先空下來，之後再補足即可。

❷ 按照格式寫

　　書面文件要表達明確的目的，因應目的依循格式寫出故事。這份文件的目的是要做出結論？還是深入挖掘企劃案或程式的某個面向？目的不同，必要元素自然也不一樣。

　　舉例來說，如果是希望高層核可新的服務架構，就必須完整呈現新聞稿、顧客需求、行銷觀點、業務案例、風險、預估的開發期、上市行程表等內容。無論目的為何，文章的第一段一定要闡述目的，清楚說明提案原因。

❸ 內容簡潔

　　先問自己想對與會者說什麼？主題旨趣是否明確？文件不要包含冗贅的詞彙、文句與段落。

❹ 不用模糊不清的字句

　　模糊不清的字詞沒有重點，盡可能以資料或數據闡述。

• 應該避免使用的英文單字範例：

should, might, could, often, generally, usually, probably, significant, better, worse, soon, some, most, fewer, faster, slower, higher, lower, many, few, completely, clearly...

舉例來說，「fewer」與「faster」指的是「較少」或「較快」，卻沒有明確說出具體差異。關鍵是要舉出實際數據，讓人一看就知道與競爭對手相比少多少或快多少。同理，「many」和「few」也一樣，令人摸不清到底有多少。

此外，我曾因為使用「significant」（顯著、重要）這個字，被人細問「為什麼你提的○○很重要？」

與內容有關的規則

❶ 為與會者而寫

首先，請思考誰會看這份書面文件？相關與會者對這件事情了解多少？對與會者來說，最重要的是什麼？如果你希望與會者做決定，你給的資訊是否足夠？請先自問這些問題。

❷ 文章開頭最重要

文章開頭第一段，決定整份文件給人的印象，因此文句一定要正確，意思一定要明確。

❸ 架構完整

再三確認內容是否夠精簡？論點是否夠清晰？各段落的項目（主題）是否完整？是否基於具體數據做出結論？解決對策的提案，有沒有任何問題？

❹ 理由明確

書面文件一定要建構明確的故事。統整提問、背景、分析與結論，清楚呈現。去除主觀的想像，清楚、客觀地呈現提案的理由。

❺ 為何這次的提案很重要？

利用數據佐證這次企劃案的重要性能為事業帶來多少好處。

❻ 提案的目標族群是？

清楚說明誰是這次提案的受惠者。

❼ 何時可以實施？

若會議會提到企劃案的實施時期，請務必在企劃案中說明清楚。明確的規劃時程，表現出提案者的認真程度。

❽ 適當使用圖表

使用表格、圖表或圖示時，一定要再三確認是否恰當。若要使用圖表，請先自問這是說明數據的最好

方式嗎？如果要用圖表，請用長條圖，不用圓餅圖。人類可以一眼看出長度，但無法立刻準確比較角度與面積。此外，距離遠近會影響立體圖的正確性，因此避免使用立體圖。

要確認圖表是否可以正確傳達你想說的話，這一點很重要。如果可能會引起不必要的問題，不妨嘗試其他方法，例如：加上評論或改用內容明確的表格。

關於簡報過程

❶ 會議進行時

書面文件的提案者，也就是會議主持人，必須掌控全場。會議一開始要明確傳達開會目的，例如：這次會議的目的，是要「做決定」或「請求上級核可」，如果還有其他目的，也要說明清楚。與會者在看完文件後，是否能夠做出決定，達成開會目的，就是提案者的責任了。提案者在開會之前，一定要做好準備，清楚說明文件的宗旨。

❷ 承認錯誤

假設有人提出錯誤，要大方承認。從錯誤中學習，避免犯相同錯誤才是最重要的。有人指出錯誤就

要修正，加以改善。

❸ 接受批評，學習教訓

　　與會者會積極提出自己的意見，有些意見很嚴厲，主持人一定要做筆記。雖然沒必要跟進所有發言，但要抱持開放的態度，檢視自己寫的內容，反應在書面文件上。俗話說的好，打鐵要趁熱。

▶ 文件格式範例

　　亞馬遜每種書面文件都有制式的構成要素。[57]接下來，我分別針對具有代表性的1頁與6頁文件列出相關格式。

　　由於我提出的範例，是以英文撰寫的書面文件格式，再針對各主題附加譯文，因此兩者的文字可能稍有差異，請各位見諒。有些英文單字對你而言可能看來較為陌生，但各位可以從中了解亞馬遜的書面文件追求的重點。

• 1頁文件

提出「Progress Report」（進度報告）時，要包含：

　　－Introduction（緒論、統整、結論）

　　　　－Overview of Plan（計畫概要）

　　　　－Review of Progress（進展狀況）

　　　　－Changes in Plan Since Last Update（從上一次
　　　　　報告後的更動與變化）

　　　　－Overview of Risks（風險概要）

　　　　－Next Steps（後續步驟）

- **6頁文件**

　　提出「Project Proposal」（企劃案）時，要包含：

　　Part 1: Press Release 1 pager（一頁新聞稿）

　　Part 2: Main Document 6 pager（六頁主文件），
　　　　　說明：

　　　　　－Introduction（緒論、統整、結論）

　　　　　－Customer Need（顧客需求）

　　　　　－Market Opportunity（市場商機）

　　　　　－Business Case（業務案例）

　　　　　－Risks（風險）

　　　　　－Estimate of Effort（概算的開發時期）

　　　　　－Timeline（上市行程表）

　　　　　－Resources Required（需要的資源）

　　Part 3: Q&A（設定問答集）

Part 4: Appendices（附錄）

Part 5: Financial Model（財務模式、PL損益表試算）

受到文件種類影響，內容各有不同，但在一開頭的緒論中，一定要明確闡述「這份文件的提案主題」、「希望與會者做什麼事」這兩大重點。點出課題（誰有什麼困擾）與事實，再釐清「對顧客的好處」（便利性），重點就是要提出站在顧客立場的論述主軸。

亞馬遜每天都有來自世界各地的事業提案，公司會優先從大型企劃中，根據營業額規模、增加的顧客人數等項目，選出令人眼睛為之一亮的提案。因此，無論是編列每年一次的年度預算書，或製作新的企劃提案，都不能小鼻子小眼睛，必須朝著大幅提升顧客便利性的方向去做。若規模不夠大或未來沒有成長性，很難搶到公司資源。

設定100個以上的目標

企業文化來自於日常積累。亞馬遜人在日常工作中，嚴格貫徹亞馬遜特有的想法與行為模式。[58]

　　從書面文件的規定不難看出，亞馬遜人平時會提醒自己不使用模糊不清的文句。討論問題時，也要根據數據分析提出具體數字，例如：「以增加50％為目標」、「改善50BPS（0.5％）」，並且透過Key Metrics管理目標達成度，朝目標邁進勇往直前。

　　我在統管日本的亞馬遜市集時，通常會設定100個以上的Target（目標）。誠如我在「Deliver Results」所說的，目標的具體內容不是營業額、利潤等「產出」數據，而是「商品數」、「賣家數」、「亞馬遜物流利用率」、「推出新服務」等自己可以掌控並達成的工作，目標設定最重視的是「投入」。

　　此外，根據「質」與「內容」，目標又分成幾個等級，公司最重要的目標稱為「S Team Goal」。S Team在西雅圖總公司，全名是「Senior Leadership Team」，是由美國總公司高層組成的團隊。各部門負責人必須向S Team承諾達成目標，在定期會議上報告進度。

　　其次，是「QBR」（Quarterly Business Review）等級。這個層級的案件必須向統籌各國各部門業務的美國總公司副總與資深副總負責，在每一季的業務回顧會議中報告進度。

　　下一個等級是「MBR」（Monthly Business Review），也就是與每月報告書一起跟進，各事業本部內完成的目標。至於「Team Goal」等級的目標，無須向經營高層負責，只要在各自的團隊內部設定目標並達成即可。

　　所有亞馬遜人都必須對設定的目標負責，堅定不移地追求目標。這是全球共通的行為模式，也是讓亞馬遜內部的工作更嚴謹、能夠順利推動的原動力。

　　亞馬遜人也很重視「Tenets」，亦即「教義、信條或基本原則」。在籌備新的企劃或服務時，第一步是要決定基本原則。我在亞馬遜日本的最後階段、負責營運 B2B 服務「亞馬遜商業」時，決定了六項基本原則。由於這是不對外公開的資訊，我只概略介紹其中一條較不具機密性的原則。

"Our customers range from individual owner operators to enterprise businesses worldwide, and we will recognize that they have different needs that must be met."
「我們的顧客囊括個人業主到全球大企業，範圍相當廣泛，我們必須了解他們有各自不同的需求有待滿足。」

　　亞馬遜在大眾消費業務上，不會因為不同國家而有不同功能，但 B2B 電子商務的商業習慣會依國情不

同，需求也不一樣。由於這個緣故，若必須針對日本企業採購開發額外功能，公司也會基於基本原則聆聽顧客心聲，滿足顧客需求，開發新功能。

舉例來說，在日本，公司必須根據廠商報價單進行內部審議才能決定採購與否，付款時採「月結，且下個月底付款」，也是常見的請款方式。亞馬遜日本因應這些特殊狀況，獲准獨自開發這些功能。

亞馬遜堅持的「創新」究竟是什麼？

實行了某項企劃後，公司一定會召開反省會議，稱為「Postmortem」（檢討會）。追蹤當初寫在企劃案裡的目標是否都達成了，如果沒有，原因是什麼？是否有哪些環節與設想的不同？檢討會邀集所有相關部門的員工一起參與，花時間鉅細靡遺討論。

很多日本企業其實都有反省會議制度，但貫徹「Dive Deep」文化，不惜花時間召開檢討會的做法，形成亞馬遜企業文化的一部分。當然，檢討會討論的成功案例與反省重點，也會運用在下一次的企劃案中不斷改善，努力提升顧客滿意度。

我在前面章節提過，開會討論新的企劃案時必須

遵守「兩個披薩原則」，也就是開會人數不能超過夠分兩份披薩的程度，並且以 10 人為上限。如果一開始就召開大型會議，不但很容易浪費時間，也很容易消耗大筆預算。人數愈少，愈容易加快挑戰新事物的速度，這也是體現「Bias for Action」的範例之一。

亞馬遜鼓勵員工迅速做決定，降低嘗試新挑戰的門檻，另一方面，也精心建構內部制度，培養員工長期思考與創新思考的能力。前文提過，亞馬遜希望員工提出「破壞性創意」，這也是亞馬遜的企業文化之一，但前提是必須先建立一個可以強制員工想出「破壞性創意」的制度與環境。

海外分公司每年都要向美國總公司提出年度預算，此時必須附上三年的中長期計畫，名為「Long Range Plan」。計畫書裡要以具體數字訂定三年後的目標，但這個目標指的不是對經營高層的承諾，而是顛覆既有常識的「Disruptive Idea」（破壞性創意）。

當然，不能因為不是承諾就隨便寫一些荒誕無稽的想法，這麼做毫無意義。各部門的負責人為了實現自己絞盡腦汁提出的破壞性創意，必須充分討論、反覆操作。

此外，總公司每年都會在海外分公司召開一場「創新峰會」。總的來說，這場峰會最重要的就是「創新」，也就是「破壞性創意」。

「創新峰會」是一場邀集經理以上員工的體驗型研討會，數百名員工齊聚在大型會場，在便條紙上寫下「自己三年後想要實現的目標」。每個人的目標都會分門別類，依照「系統」、「物流」、「全新服務」等類別分組，進行討論。最後，再選出十個左右的意見。

由公司幹部一起絞盡腦汁，最終選出的「破壞性創意」會變成企劃案，招募小組成員，並在董事高層的協助下提供建議，製作出更詳細的實現計畫，將個人意見昇華成公司三年後一定要實現的目標。

公司每半年會表揚達成創新實績的員工，這個獎勵制度稱為「Door Desk」（門板辦公桌獎），名稱來自貝佐斯剛創業時使用門板充當辦公桌。

還有一項「Just Do It」（做，就對了）獎，針對將想法化為具體行動的員工頒發，得獎者會獲贈「一隻」耐吉球鞋，沒有額外的獎金或獎品。不過，這類「Recognition」（認同）的公開表揚行為，為全球亞馬遜人帶來積極向上的動力。

　　那麼，亞馬遜追求的「創新」究竟是什麼？總共有三大定義。

▶亞馬遜的「創新」

- 持續改變「一般標準」
- 持續提升「顧客的期待和想望」
- 持續將重點放在「長期性」

　　亞馬遜的服務，一直都是持續改變「一般標準」。亞馬遜從2009年推出「當日運送」服務，這在當時超越一般期待，但現在已是很多電商的基本配送服務。目前功成身退的一鍵購物鈕「Dash Button」裝置，剛推出時也是超越一般顧客想像的購物服務。

　　此外，一般電商網站會針對每個賣家提供設定各自的商品頁面，但亞馬遜市集「顛覆一般標準」，製作出單一商品詳情頁面，成為亞馬遜迅速成長的原動力。

　　至於近年試行的無人機與機器人運送，也是創新意志的一環。亞馬遜持續將營收的一成以上投資在公司營運，比起擴大眼前利益，亞馬遜更重視擴展未來的可能性。

　　這麼做的結果，讓亞馬遜突破電商網站的框架，

迅速成立許多新事業，創立了不少成功典範，包括智慧音箱「Alexa」、電子書裝置「Kindle」、串流電視棒「Fire TV Stick」、AWS雲端運算服務、「Prime Now」（一到兩小時到貨的快速配送服務）、無人超商「Amazon Go」等，深入全球許多顧客的生活型態，成為世界標準。此外，還有許多從以前延續下來的服務，未來也會愈來愈多。

對亞馬遜來說，「創新」這個關鍵字詞，已經成為亞馬遜用語。英文的「Wow!」是表現驚訝情緒的詞彙，就是「哇！」的意思。亞馬遜持續創新，我相信今天在各地辦公室依舊時常聽到員工們的驚呼聲「Wow!」。

「意圖良善起不了作用，機制才能發揮作用」

前文提過，亞馬遜的日常工作已高度自動化，包括預測顧客需求、採購商品、設定價格等。亞馬遜利用人工智慧技術研發出精密的演算法，計算出應該向製造商或大盤等商品供應商採購多少商品，如果庫存過多就會自動採取階段性的降價促銷。

亞馬遜內部還有一條重要的基本原則，那是相當

重視機制。

"Good intention doesn't work, only mechanism works."

「意圖良善起不了作用，機制才能發揮作用。」

「Good intention」是的「善意」意思，也可以根據文義翻成「幹勁和毅力」。一個人無論再怎麼努力，一定會遇到極限，也會出錯。必要的「工作」以系統取代，實施機制化、自動化，這就是亞馬遜的作風。

舉例來說，顧客服務系統中有一項工具稱為「Andon Cord」（安燈拉繩；安燈系統）。「Andon」是日文的「行燈」，行燈是許多日本家庭都有的燈具，有一條線上有啟動開關。只要透過線材就能開關電源，因此當工廠等生產線發生異常時，可以藉由拉線或按鈕通知其他人，亞馬遜用這個製造業術語為顧客服務的工具命名。

簡單來說，當持續有不同顧客來信或來電，針對某件商品投訴同一問題，客服人員只要按下「Andon Cord」，就能將商品下架。按燈之後，相關資訊會立刻傳給商品負責人或事業領導者，讓對方採取行動，調查原因或解決問題。這個機制可以在反覆發生同樣

問題時，迅速停止販售相關商品。

建構機制最重要的三大階段

　　所謂建構「機制」（mechanism），就是持續建立、推動各種業務工具和系統，進一步強化整個流程的完善。

　　「機制化」的第一步就是「鎖定組織層級的課題」，以「Andon Cord」為例，就是「避免有問題的商品影響顧客。」第二步是設定解決課題後可以達成的目標，在上述例子中，就是「即時中止販售問題商品，聯絡有關單位。」

　　建構機制，要特別重視三個階段。第一個階段是「Tool」（工具）。

　　凡是應該自動化的業務，負責人可以提案開發自動化工具，委託系統部門製作。製作出來的工具要將「投入」，也就是顧客向客服中心重複投訴的問題，傳達給負責人處理或採取停止販售等因應行動，自動轉換成「產出」。原本需要好幾道程序才能完成的工作，自動化之後瞬間就能完成。

　　第二個階段是盡可能廣泛「Adoption」（採用）。

開發出來的工具讓更多人或相關部門使用，才可以發揮更大效率。為此，負責人必須製作工具採用的計算指標，創造可以達成採用目標的誘因，思考各種促進公司內部使用工具的策略，大力推動。

鼓勵各部門採用的首要步驟，就是讓應該使用工具的不同部門一起參與，設定共同目標。以顧客服務的「Andon Cord」為例，必須邀集零售部門、履行中心、客服中心等部門一起合作開發。剛開始，先由一部分人試用，審查使用狀況（產出）。之後，再讓所有相關部門使用，讓所有銷售的商品都能擁有穩定的服務品質。

第三個階段是「Inspection」（驗證）。

若要充分發揮自動化工具的功能，提高工具完成度、廣泛使用是很重要的。通常，剛開發出來的工具，很難發揮預期的效果，幾乎都需要相關部門的負責人一起討論，發展出最好的機制。一般來說，愈多人使用，愈能獲得改善。

設定數字化的指標和目標，建立發現異常時就能提出警告的機制也很重要。同樣以「Andon Cord」為例，透過定期召開的WBR內部會議，定期查核Key

Metrics績效報告，發現異常就「Dive Deep」，探究原因。這個做法不只讓內部注意到問題事物，對於可以從中了解顧客心聲的重要實例也能特別關注，不會錯過這類特定收穫。

開發愈多成熟的工具和流程，是亞馬遜機制化的重要步驟。

第7章 亞馬遜的祕密主義與課題

徹底執行的情報管理與經營隱憂

最後，在這一章，我想與各位分享亞馬遜的情報管理，以及對於「守規」（公司或機構必須採取措施確保其與員工的行為遵守相關法規）這件事的態度。

首先，我要說明，亞馬遜日本與世界各國的亞馬遜都貫徹守規政策。我們必須遵照各國法律迅速因應，以日本來說，就是要理解並遵守「獨占禁止法」。

亞馬遜日本的法務部門成員，擁有日本與美國的律師執照，每個人都有負責的部門。即使是與供應商交涉價格，法務部門也會每天檢查是否遵守法規。

不只是對外部廠商，對於僅供內部人員看的書面文件，在發出去給員工之前，法務部門也會檢查是否

違反守規政策。公司落實守規教育，培養所有員工的守規意識。

接受媒體採訪前一定要控制失言

亞馬遜十分注重情報管理。「PR」（Public Relation）公關部門的管理階層與對外的發言人都必須接受事前教育，任何人在接受媒體採訪時，一定要有公關部門的負責人陪同，藉此控制失言，同時傳達正確訊息給顧客，確認所有發言都是必要的。

公司新聞稿的文案是由負責小組撰寫的，正式發出前，一定要由公關和法務部門再三確認，審核通過才能公布。舉行新服務上線記者會之前，也會根據事先與公關部門擬好的問答集再三演練。

包括日本在內，全世界的亞馬遜都沒有公布明確的總流通金額與商品數量。公司對於應該向外界公布與即使公布對顧客也沒有幫助的資訊分類十分嚴格。對外不使用「平台」或「市占率」等用語，這也是為了避免讓外界產生誤解，由此可見亞馬遜的嚴謹態度。

基本上，只要不違反投資者的利益，對於提升顧客滿意度毫無關係的商業數據，亞馬遜不會公開。亞

馬遜嚴格貫徹基本理念，也就是「地球上最重視顧客的企業」、「網羅地球上最豐富、多樣化的商品」，不厭其煩地執行這些經營策略。我也舉行過好幾次記者會，都遵循相同的流程。

亞馬遜認為，記者會上的「失言」幾乎都是個人意見，公司必須避免意外發言損害公司整體的利益。隨著在公司內部的職位愈來愈高，我必須對情報管理有更高度的認知。順帶一提，雖然我已經離開亞馬遜日本，但是在寫這本書的時候，我還是十分注意內容，絕對不會公開機密情報。

前亞馬遜人才看得見的課題

在前面各章，我強調的都是亞馬遜的強項，有些課題只有待過的人才看得見。

貝佐斯曾說：「亞馬遜未來最大的隱憂是，政府要求我們遵守規範，不能違反獨占禁止法。」他還說：「亞馬遜確實是一家大企業，無論是企業或政府，大型組織都會受到嚴格監控，這是沒有辦法的事。」[59]

亞馬遜在全世界各個領域持續成長，就像在日本被公平交易委員會盯上一樣，在其他國家也會被類似

的官方機構注意。美國有個名詞叫「Amazon Effect」（亞馬遜效應），各位應該也看過，新聞節目不時報導，有些零售商受到亞馬遜成長影響而不得不關門的消息。[60]

以亞馬遜日本為例，由於日本與美國之間簽訂了租稅協定的關係，亞馬遜日本必須在美國繳納公司稅，卻沒在日本繳稅，[61]這件事曾在日本的新聞版面上鬧得沸沸揚揚。在日本人眼中，亞馬遜日本簡直就是「外敵」。後來更是被爆出，亞馬遜日本在日本繳的公司稅太少。[62]無論亞馬遜根據法律做什麼事，都會受到外界以顯微鏡檢視。當然，由於亞馬遜堅守祕密主義，對外欠缺說明、公開資訊不足，這也是不爭的事實。

不過，話說回來，亞馬遜在日本的生意愈做愈大，也愈來愈適應日本市場。不只加入日本經濟團體聯合會，[63]持續增加就業機會，也增加應屆畢業生的錄取名額，這些都是為了適應日本的風俗民情所做的改變。

亞馬遜有幾十萬個賣家在亞馬遜市集上販售商品，提供許多中小企業和個人賣家做生意的機會，還

能進軍海外市場。這麼做的結果，也為很多地區增加就業機會，對於日本產業有很大的貢獻。亞馬遜在各領域的影響力愈來愈大，相信今後依舊會受到各界高度關注。

另一個課題是成長過於快速帶來的企業隱憂。

亞馬遜的經營理念是「顧客中心主義」，但實際上除了客服中心之外，亞馬遜人幾乎沒有機會直接接觸購買商品的顧客。顧客對於亞馬遜來說，不過是「數據」罷了。

當顧客人數膨脹到數千萬人，購買行為確實可以化為數據，在大多數情況下當成決策依據。不過，有時這些數據只是拿來當成「Fundamental」（根基），讓人機械式地根據這些數據改善商品品項、低價與便利性。

另外，推動機制化雖然可使事業規模愈來愈大、開展速度愈來愈快，卻也會出現組織跟不上的問題。說得極端一點，已經確立機制的服務，即使沒有人也能運作，但可能出現驗證遲緩，在問題沒解決的情況下，事業規模日益膨脹。

公司與廠商之間的關係，會因為自動化顯得缺乏

互動與溝通。就像過去量販店失去廠商信賴一樣，亞馬遜對於廠商的要求過於嚴格而失去信任，結果很可能減損商品的調配能力。

　　即使增加錄取人數解決問題，新人也要花時間才能確實理解亞馬遜的經營理念與領導方針，需要時間才能培育出足以統籌與推展業務的領導者。就算錄取足夠員工，也培育出堪當重任的領導人才，有些人對於功能化的工作、調整與確認機制的日常工作會覺得無趣，進而選擇離職。

　　亞馬遜是深受全世界注目的企業，不僅給人光鮮亮麗的感覺，待遇也相當不錯。大多數亞馬遜人對於自己的工作感到驕傲，但是組織過於龐大容易出現的副作用，就是優秀員工最終紛紛求去。簡單來說，組織巨大化導致縱向的職權分割，無法徹底執行的「Ownership」（行動時考量公司整體的立場）很難讓公司突破困境。

　　全世界注目的眼光過度煽動著亞馬遜人的驕傲，將亞馬遜視為一切，認為亞馬遜的做法才是對的，看不見周遭。對於「領導方針」的信仰愈深，確實會形成亞馬遜的獨特性與強項，卻也可能讓亞馬遜變成其

他人無法靠近的排他性組織。

此外，當不同功能的組織增加，召開決策會議的次數也會變多，利害關係人增加拖慢了做決定的速度。每天都有開不完的會，根本沒有時間做好自己的工作。實務上，要讓高層通過自己的提案，必須經過層層的審核機制，這與日系企業的印章文化沒有兩樣。

員工人數暴增，經營高層與負責各業務的員工之間，可以溝通的機會就會變少，不僅感受不到危機感，也很難有效傳遞想法，這是我個人的親身體驗。此外，我也感覺到整個系統變得繁雜龐大，開發新功能要比以前花更長的時間才能完成。

營業額超過1兆日圓，成長率逐年鈍化的日本市場課題

儘管亞馬遜很清楚Day 2的危險性，為了持續成長，內部構造或許也需要進一步的創新。

站在顧客的立場來看，亞馬遜的商品數量確實很多，但客戶評價中不乏暗椿的留言，仿冒品也愈來愈多。單一商品詳情頁面讓同一件商品有許多個別的目錄，事業規模擴張也拖慢了商品的配送速度，這些問

題都一一浮現。儘管亞馬遜已經設法處理，但企業仍在快速成長中，成效有限。

不只是處理問題的對策，在亞馬遜工作就像乘坐雲霄飛車、也像在爬好幾座山一樣，一會兒上山、一會兒下山。而且，亞馬遜經常在修補舊問題時，同時計畫、建造新願景，這對員工有時會造成很大的負擔。比起亞馬遜美國的成功，亞馬遜日本離成功還有相當距離。

美國的營業額超過10兆日圓，創下比前一年成長33％的高成長率。日本整體零售市場的電子商務占比仍小，營業額超過1兆日圓，成長率比前一年鈍化，2018年只增加14％。

美國的鄉下城市與郊區的人口都很分散，許多民眾不方便出門購物，但日本城市的人口相當密集，城鎮裡有許多超市和超商，日常購物相當方便，不方便購物的客群絕對比美國來得少。今後，在這樣飽和的市場環境中，以亞馬遜的創新精神為基礎，持續提升便利性，日本顧客的購買行為會變得跟美國的一樣嗎？

亞馬遜的信條是世界共通的服務，但是為了在日本市場持續成長，絕對需要專屬於日本的劃時代革新。

終章

積極提升日常標準，
在全球化的世界日益精進

我在亞馬遜日本工作的十年，也是亞馬遜成長為
世界級企業的十年。亞馬遜在日本嚴格貫徹顧
客中心主義的戰略，堅持低價格與效率化，為日本消
費者的生活帶來便利性，改變了很多人的生活型態。

　　不少競爭對手對於亞馬遜嚴格貫徹的戰略投以情
緒性的批評，但在全球化日益精進的世界裡，精神論
是行不通的。原因很簡單，世界標準加速了平台化，
我必須遺憾地說，傳統日本的「日常」正在腐朽中。

　　日本即使具備高超的技術實力，也無法進化成世
界標準，卻演變成加拉巴哥化的結果，各位認為原因
何在？我相信各位能從這本書的內容推斷。

　　亞馬遜迅速成長的同時，大多數日本企業在過去
平成時代的三十年間*停止成長。身為懷抱著復古大

---

* 1989年～2019年。

和魂的日本人，對於這樣的狀況感到十分遺憾。

　　這幾年受到世界盃橄欖球賽（2019年）、東京奧運（2021年）的影響，許多外國旅客十分感謝日本貼心的招待。外國旅客一致讚賞日本的安全性和便利性，許多媒體也報導外國旅客十分欣賞日本的文化、技術與商品。打開電視頻道或翻閱報章雜誌，全都是外國人盛讚日本的節目或報導，全日本充斥著老王賣瓜、自賣自誇的訊息。

　　我不否定對於本國文化感到自信的態度，因為日本文化真的很棒。不過，如此極端的孤芳自賞，只是「井底之蛙」、「不懂世界真實變化」的表現罷了，反而使日本進一步營造出「因為我們很棒，所以維持現狀就好」的氛圍。

　　我從1989年在國外住了二十年，回日本後又在外資企業工作十年，在這三十年間，我深刻感受並經歷過日本在全世界能見度不高的事實。過度鼓吹危機感會讓人膽怯，這是不好的行為，但是在這樣的情況下，一味挑動國民自尊心與自負心態的氣氛，讓我感到相當遺憾。

　　財經報導經常出現類似的對照內容，舉例來說，

1989年全球企業現值總額前二十名中，有14家是日本企業，到了2019年8月底的排名，豐田汽車（Toyota）好不容易才擠進第43名。除了豐田汽車之外，前五十名沒有日本企業。由此可以斷言，日本的精神論與做事方法，已經無法行走於全世界。

順帶一提，第1名是微軟，第2名是蘋果，第3名是亞馬遜、第4名是Alphabet公司（谷歌）、第5名是臉書，全都是最強的平台公司。如今GAFA（或GAFAM）的氣勢正在席捲全球，近年來前五名都是這幾家公司的天下，只是隨著股價波動更換排名罷了。

我從1989年在海外工作了將近二十年，遊走六個國家。日本企業在1990年代，也就是泡沫經濟時代，可說是氣勢如虹。雖然我在海外經營公司，但「Made in Japan」是高品質的代名詞，連國外顧客都要求日本品質，連帶也使我走路有風。

如今，日本製品的品質並未變差，但中國等國家追求迅速的技術創新，有時消費者要的不只是品質，還要求嶄新的創意，這就是日本看不到其他國家車尾燈的原因。此外，席捲世界的製品與服務等，特別是業界標準化、平台化的技術開發，以及行銷及販售策

略，日本在許多方面也落後其他國家（業界標準指的是非官方機構認定的標準，因為好用等因素受到好評而成為業界實際採用的標準。）

提到日本企業的停滯現象，原因大多出自國家政策與成長態勢，企業的事業發展終究是「個人」創意與具體化的累積。支撐社會、建構社會的每個人，都有改善與成長的空間，當改善與成長的速度不夠快，就會成為停滯的根本原因。

日本傳統的「日常＝常識」早已無法通用於世界，但日本經營者與管理階層的意識受到傳統的束縛，剝奪了日本企業過去的榮光，成為嚴重的病灶。照理說，經營者應該展現強勢的領導能力，創造無數的新穎創意，建構可以具體實現創意的機制，吸引全世界所有想要一展身手的優秀人才進入自己的企業，培育無與倫比的企業文化。

我在亞馬遜工作的過程中，親身體會並實踐亞馬遜的「標準」。消化吸收之後，內化為我的養分，我將這些「標準」記錄在這本書中。日本早已在停滯期一直消耗，亞馬遜卻成長為全球頂尖龍頭，我們可以從亞馬遜的「標準」找到許多值得學習的地方。

　　我從許多面向談論了亞馬遜的「標準」，也就是「絕對思考」。最後，在這本書我要特別列出幾個我想強調的「重點」。

• 簡單且普遍的商業模式與機制

　　商業模式是事業的基石，唯有簡單且普遍的商業模式，才能長時間凝聚所有員工的力量。建構自動化的機制，才能長期擴展事業。

• 以顧客為中心，積極落實創新

　　從顧客的立場建構服務，不惜成本投資創新，持續提供創新的服務。提升顧客滿意度有助於企業成長，抱持著這個信念，不要妥協。

• 培養強烈的企業文化，貫徹公司治理

　　採用優秀員工，鼓勵創新，抱持著危機感持續迎向挑戰──像這樣的企業文化，是部門領導者以身作則培養出來的。

　　訂定強力的規範，讓員工遇到各種狀況時知道該怎麼做，再像洗腦一般，將規範深植在員工心中。建立明確的組織階層與貫徹公司治理，去除所有無謂的行為與制度，堅持掌控事業的每一處細節。

• 資料和數據說實話

　　亞馬遜重視可分析出屬性或特性的情報，透過可量化的資料和數據來理解現況，然後做出判斷。當經驗不足以判斷時，就追根究底掌握細節。

　　凡是有獨立思考能力的人，看到上述這幾點，一定會覺得「這種事不用說也知道！」不過，請各位冷靜自問：「雖然我知道這些道理，但是我做到了嗎？」

　　亞馬遜從2000年進軍日本，開始網路購物的事業。當時，許多零售店（百貨公司、超市、量販店等）並未擴展網路事業，錯失了許多機會，真的很可惜。幾年之後，進軍網路事業的公司依然很少。

　　演變至今，出現了決定性的差異。當一個和大家都不一樣的事物出現時，不要一味批評，應該徹底分析，讓自己的「日常」也昇華為不一樣的新奇事物。如果你不選擇這麼做，最後就會被遠遠拋在後頭。

　　很多人批評亞馬遜「透過低價競爭擊潰對手，企圖獨占利益」，那些批評的人在日常生活中不也選購低價的商品和服務嗎？過去，日本也曾將歐美發明的商品，改良成價格更低、品質更好的日本製品。能夠提供低價格、高品質商品與服務的公司，最終一定獲得顧客信賴，這是舉世皆同、人人都能明白的道理。

　　當然，這個世界上還是有些公司堅持品牌價值，不受價格影響，這是他們引以為傲的經營策略。話說回來，這樣的公司之所以能成功，正是因為他們執行簡單又強韌的商業模式，可以隨時回應顧客的期待，加深顧客的品牌忠誠度。遺憾的是，許多日本企業如今的戰略，無論怎麼看，都不足以獲得全球消費者的支持。

　　企業分很多種，從小企業到大企業，從製造業到服務業，種類型態與樣貌各有不同。亞馬遜追求事業規模、持續成長的事業模式獲得了極大的成就，我從亞馬遜的成功案例揀選出重要精華，寫成這本書與各位分享。

　　不是所有企業都追求擴大規模與成長，有些企業在乎的是社會意義，因此無論哪間企業都不能夠直接套用亞馬遜的標準，成功的論點也不是只有這一套。我想說的是，以成長為目標、能夠持續成長的企業，更令人感到興奮，不是嗎？我在前面段落中列出的四大重點，與規模和業界無關，只要各位認同，不妨親自嘗試。

　　就像醫師會針對病人的症狀和個性，施以適當的

療法和藥物一樣，為了讓自家公司持續成長，每一位建立起企業活動的員工，也要統整出適合自己工作、適合自家公司的處方箋，並且努力實踐。是不是很簡單呢？不過，只要沒有人踏出這一步，就不會有任何改變。

　　日本的社會與企業，長期處於封閉昏沉的狀態。我之所以離開亞馬遜日本投身顧問業，是因為我想將自己在這十年間站在亞馬遜日本第一線衝鋒陷陣的經驗，以及身為經營領導高層的一員，從親身經驗中學習到的想法與方法論點，化為提神醒腦的興奮劑，為日本盡一點微薄之力，所以我也寫了這本書。

　　衷心希望這本書對各位能夠有所啟發，幫助各位展開氣勢磅礴的新故事。

後記

本書記錄2008年到2018年這十年間我在亞馬遜日本工作的經驗與習得知識。

當時我想工作三年就跳槽，最後卻待了整整十年。亞馬遜公司的商業模式、成長性與企業文化深深吸引我，讓我一待就是十年。我在這十年間，負責營運硬體事業本部、賣家服務事業本部、亞馬遜商業事業本部等三個性質完全不一樣的事業本部，這也是我待了這麼久的最大原因。

我衷心感謝亞馬遜給我這麼好的環境。

這十年內，我只向四名主管報告，包括在剛進公司時居家與廚房用品事業部時代的戶田獎、硬體事業本部時代的Jasper Cheung、賣家服務事業本部時代的Eric Broussard（艾瑞克・布魯薩德）、亞馬遜商業事業本部時代的Steve Frazier（馮思哲），謝謝他們。

我要特別感謝我在掌管硬體事業本部那四年間，

擔任亞馬遜日本社長的 Jasper Cheung。當時我是他的直接部屬，我們一起度過了有苦有樂的日子。他給了我許多意見，十分照顧我，讓我在事業領導者的道路上獲益良多，真的很感謝他。此外，我也深受亞馬遜日本社長傑夫・林田（Jeff Hayashida）的關照，尤其在他最後半年的任職期間，他對我十分嚴格，我衷心感謝。

我在這三個事業本部期間，受到許多團隊成員的支持。無論是身為個人或他們的主管，他們都給了不才的我最大的溫暖，我要謝謝他們。在硬體事業本部時代，直屬於我、通稱「四木會」的六名領導者，我們共同在嚴峻的事業環境中努力，成為同吃一鍋飯的親密戰友，我衷心表達感謝，致上最深的敬意。

很感謝我在亞馬遜日本工作的期間，支持我們的商品供應商、合作企業與賣家。謝謝你們在亞馬遜日本規模還很小的時候，相信我們，給予我們許多協助，真的很感謝你們。

我在離職的時候就想出這本書，當時才寫了20頁左右的稿子。須賀勝彌先生得知我要出書，很快就幫我牽線扶桑社，成就了這本書，我衷心感謝。

還要感謝決定出版本書日文版的扶桑社株式會社

執行董事小川亞矢子女士。這本書從2019年5月開會
討論到出版只有五個月的時間，這是我的第一本書，
感謝扶桑社株式會社第三編輯局書籍第一編輯部的主
編山口洋子女士耐心協助我出版這本書。還有三軒茶
屋FACTORY的寄本好則先生，真的很謝謝你。

最後，我衷心感謝遇到許多美好的緣分與機會。
深切祝福閱讀本書的讀者，未來在工作與事業發展
上，本書有幸能夠為您帶來小小的緣分與機會。

2016 年致股東信

"Jeff, what does Day 2 look like?"

That's a question I just got at our most recent all-hands meeting. I've been reminding people that it's Day 1 for a couple of decades. I work in an Amazon building named Day 1, and when I moved buildings, I took the name with me. I spend time thinking about this topic.

"Day 2 is stasis. Followed by irrelevance. Followed by excruciating, painful decline. Followed by death. And that is why it is always Day 1."

To be sure, this kind of decline would happen in extreme slow motion. An established company might harvest Day 2 for decades, but the final result would still come.

I'm interested in the question, how do you fend off Day 2? What are the techniques and tactics? How do you keep the vitality of Day 1, even inside a large organization?

Such a question can't have a simple answer. There will be many elements, multiple paths, and many traps. I don't know the whole answer, but I may know bits of it. Here's a starter pack of essentials for Day 1 defense: customer obsession, a skeptical view of proxies, the eager adoption of external trends, and high-velocity decision making.

True Customer Obsession

There are many ways to center a business. You can be competitor focused, you can be product focused, you can be technology focused, you can be business model focused, and there are more. But in my view, obsessive customer focus is by far the most protective of Day 1 vitality.

Why? There are many advantages to a customer-centric approach, but here's the big one: customers are always beautifully, wonderfully dissatisfied, even when they report being happy and business is great. Even when they don't yet know it, customers want something better, and your desire to delight customers will drive you to invent on their behalf. No customer ever asked Amazon to create the Prime membership program, but it sure turns out they wanted it, and I could give you many such examples.

Staying in Day 1 requires you to experiment patiently, accept failures, plant seeds, protect saplings, and double down when you see customer delight. A customer-obsessed culture best creates the conditions where all of that can happen.

Resist Proxies

As companies get larger and more complex, there's a tendency to manage to proxies. This comes in many shapes and sizes, and it's dangerous, subtle, and very Day 2.

A common example is process as proxy. Good process serves you so you can serve customers. But if you're not watchful, the process can become the thing. This can happen very easily in large organizations. The process becomes the proxy for the result you want. You stop looking at outcomes and just make sure you're doing the process right. Gulp. It's not that rare to hear a junior leader defend a bad outcome with something like, "Well, we followed the process." A more experienced leader will use it as an opportunity to investigate and improve the process. The process is not the thing. It's always worth asking, do we own the process or does the process own us? In a Day 2 company, you might find it's the second.

Another example: market research and customer surveys can become proxies for customers—something that's especially dangerous when you're inventing and designing products. "Fifty-five percent of beta testers report being satisfied with this feature. That is up from 47% in the first survey." That's hard to interpret and could unintentionally mislead.

Good inventors and designers deeply understand their customer. They spend tremendous energy developing that intuition. They study and understand many anecdotes rather than only the averages you'll find on surveys. They live with the design.

I'm not against beta testing or surveys. But you, <u>the product or service owner, must understand the customer, have a vision, and love the offering. Then, beta testing and research can help you find your blind spots. A remarkable customer experience starts with heart, intuition, curiosity, play, guts, taste. You won't find any of it in a survey.</u>

Embrace External Trends

<u>The outside world can push you into Day 2 if you won't or can't embrace powerful trends quickly.</u> If you fight them, you're probably fighting the future. Embrace them and you have a tailwind.

<u>These big trends are not that hard to spot</u> (they get talked and written about a lot), <u>but they can be strangely hard for large organizations to embrace.</u> We're in the middle of an obvious one right now: machine learning and artificial intelligence.

Over the past decades computers have broadly automated tasks that programmers could describe with clear rules and algorithms. Modern machine learning techniques now allow us to do the same for tasks where describing the precise rules is much harder.

At Amazon, we've been engaged in the practical application of machine learning for many years now. Some of this work is highly visible: our autonomous Prime Air delivery drones; the Amazon Go convenience store that uses machine vision to eliminate checkout lines; and Alexa,1 our cloud-based AI assistant. (We still struggle to keep Echo in stock, despite our best efforts. A high-quality problem, but a problem. We're working on it.)

But much of what we do with machine learning happens beneath the surface. Machine learning drives our algorithms for demand forecasting, product search ranking, product and deals recommendations, merchandising placements, fraud detection, translations, and much more. Though less visible, much of the impact of machine learning will be of this type—quietly but meaningfully improving core operations.

Inside AWS, we're excited to lower the costs and barriers to machine learning and AI so organizations of all sizes can take advantage of these advanced techniques.

Using our pre-packaged versions of popular deep learning frameworks running on P2 compute instances (optimized for this workload), customers are already developing powerful systems ranging everywhere from early disease detection to increasing crop yields. And we've also made Amazon's higher level services available in a convenient form. Amazon Lex (what's inside Alexa),

Amazon Polly, and Amazon Rekognition remove the heavy lifting from natural language understanding, speech generation, and image analysis. They can be accessed with simple API calls—no machine learning expertise required. Watch this space. Much more to come.

High-Velocity Decision Making

Day 2 companies make high-quality decisions, but they make high-quality decisions slowly. To keep the energy and dynamism of Day 1, you have to somehow make high-quality, high-velocity decisions. Easy for start-ups and very challenging for large organizations. The senior team at Amazon is determined to keep our decision-making velocity high. Speed matters in business—plus a high-velocity decision making environment is more fun too. We don't know all the answers, but here are some thoughts.

First, never use a one-size-fits-all decision-making process. Many decisions are reversible, two-way doors. Those decisions can use a light-weight process. For those, so what if you're wrong? I wrote about this in more detail in last year's letter.

For something amusing, try asking, "Alexa, what is sixty factorial?"

Second, most decisions should probably be made with somewhere around 70% of the information you wish you had. If you wait for 90%, in most cases, you're probably being slow. Plus, either way, <u>you need to be good at quickly recognizing and correcting bad decisions.</u> If you're good at course correcting, being wrong may be less costly than you think, whereas being slow is going to be expensive for sure.

Third, <u>use the phrase "disagree and commit."</u> This phrase will save a lot of time. If you have conviction on a particular direction even though there's no consensus, it's helpful to say, "Look, I know we disagree on this but will you gamble with me on it? Disagree and commit?" By the time you're at this point, no one can know the answer for sure, and you'll probably get a quick yes.

This isn't one way. If you're the boss, you should do this too. I disagree and commit all the time. We recently greenlit a particular Amazon Studios original. I told the team my view: debatable whether it would be interesting enough, complicated to produce, the business terms aren't that good, and we have lots of other opportunities. They had a completely different opinion and wanted to go ahead. I wrote back right away with "I disagree and commit and hope it becomes the most watched thing we've ever made." Consider how much slower this decision cycle would have been if the team had actually had to convince me rather than simply get my commitment.

Note what this example is not: it's not me thinking to myself "well, these guys are wrong and missing the point, but this isn't worth me chasing." It's a genuine disagreement of opinion, a candid expression of my view, a chance for the team to weigh my view, and a quick, sincere commitment to go their way. And given that this team has already brought home 11 Emmys, 6 Golden Globes, and 3 Oscars, I'm just glad they let me in the room at all!

Fourth, <u>recognize true misalignment issues early and escalate them immediately.</u> Sometimes teams have different objectives and fundamentally different views. They are not aligned. No amount of discussion, no number of meetings will resolve that deep misalignment. Without escalation, the default dispute resolution mechanism for this scenario is exhaustion. Whoever has more stamina carries the decision.

I've seen many examples of sincere misalignment at Amazon over the years. When we decided to invite third party sellers to compete directly against us on our own product detail pages—that was a big one. Many smart, well-intentioned Amazonians were simply not at all aligned with the direction. The big decision set up hundreds of smaller decisions, many of which needed to be escalated to the senior team.

"You've worn me down" is an awful decision-making process. It's slow and de-energizing. Go for quick escalation instead—it's better.

So, have you settled only for decision quality, or are you mindful of decision velocity too? Are the world's trends tailwinds for you? Are you falling prey to proxies, or do they serve you? And most important of all, are you delighting customers? We can have the scope and capabilities of a large company and the spirit and heart of a small one. But we have to choose it.

A huge thank you to each and every customer for allowing us to serve you, to our shareowners for your support, and to Amazonians everywhere for your hard work, your ingenuity, and your passion.

As always, I attach a copy of our original 1997 letter. It remains Day 1.

Sincerely,
Jeffrey P. Bezos
Founder and Chief Executive Officer
Amazon.com, Inc.

參考文獻

1 2009 年度 amazon.com 決算報告書

2 2018 年 9 月 27 日　日流ウェブ - アマゾンジャパン
　　／社員 2000 人の多様性に対応／東京・目黒の新オ
　　フィス公開

3 2018 年度 amazon.com 決算報告書

4 amazon.co.jp ウェブサイト

5 2019 年 7 月 12 日　　Statista- Amazon Statistics & Facts

6 2019 年 7 月 12 日　　Statista- Amazon Statistics & Facts

7 amazon 出品サービス料金プラン

8 AMAZON.COM, INC. PROXY STATEMENT ANNUAL
　　MEETING OF SHAREHOLDERS To Be Held on
　　Wednesday, May 22, 2019

9 2018 年度 amazon.com 決算報告書

10 amazon.com ウェブサイト

11 2018 年 1 月 30 日　　Sankei Biz ヤマト、アマゾンと
　　値上げ合意業績を上方修正

12　2017 年 amazon.com letter to shareholders

13　2018 年 amazon.com letter to shareholders

14　2019 年 1 月 17 日　Consumer Intelligence Research Partners - Amazon Exceeds 100 Million US Prime Members Monthly Members Over One-Third of Total

15　2019 年 1 月 18 日　Statista - Amazon Passes 100 Million Prime Members in the U.S.

16　2019 年 6 月 24 日　Nielsen Digital - Nielsen Digital Content Ratings のパネルベースのデータと、Nielsen Mobile NetView のデータをもとに、オンラインショッピングサービスとフリマサービスの利用状況を発表

17　2019 年 3 月 21 日　Statista Frequency with Amazon shoppers in the United States purchase from Amazon as of February 2019, by marketing status

18　2018 年度 amazon.com 決算報告書

19　2018 年 4 月 18 日　日本経済新聞 アマゾン、中国向けネット通販事業撤退へ

20　2014 年度 amazon.com 決算報告書

21　2016 年 3 月 24 日　日本経済新聞 アマゾンジャパン、「合同会社」に移行。意思決定素早く

22　2018 年 6 月 20 日　アマゾンジャパン　中小企業インパクトレポート

23　2019年5月16日　ECCLab2018年EC流通総額ランキング、2019年2月16日　ネットショップ担当者フォーラム アマゾン日本事業の売上高は約1.5兆
【Amazon の 2018 年実績まとめ】

24　2019 年 5 月　経済産業省 商務情報 投資局 情報経済課　平成 30 年度　我が国における　データ駆動型社会に係る基礎整備報告書

25　2019 年 9 月 17 日　IT メディアニュース 「Prime Now」エリア縮小　都内 10 区だけに

26　2019 年 6 月 20 日　アマゾンジャパン　中小企業インパクトレポート

27　2013 年 10 月 1 日　産経ニュース - 要求高くて対価は低い　佐川がアマゾンとの取引撤退宅配業界大揺れ

28　Amazon Vender Central　http://vendorcentral.amazon.co.jp

29　amazon.co.jp ウェブサイト「販売分析レポートプレミアム」のご案内

30　Amazon 出品サービス料金プラン

31　Amazon Brand Registry - https://brandservices.amazon.co.jp

32　2017 年 6 月 1 日　公正取引委員会 - アマゾンジャパン合同会社に対する独占禁止法違反被疑事件の処理について

33　21ページ　決算報告書からグローバル、セグメント毎の売上額、成長率、経費率＆利益率 推移表

34　Amazonブログ Dayone - 新たな挑戦を続けて伝統を受け継ぐ老舗酒蔵が続けてきた商品開発と働き方改革 https://blog.aboutamazon.jp/as_79_nishiyamasyuzojyo

35　2014年4月20日 アマゾンジャパンプレスリリース - Amazon.co.jp、法人の販売事業者向けに新しい融資サービス「Amazon レンディング」の提供開始 〜 法人の販売事業者の更なるビジネス拡大を支援する短期運転資金型ローンを案内

36　2016年6月2日 流通ウェブ　アマゾン／出品者への注文が約半数に／セラーカンファレンスに 500 人参集

37　2013年10月1日　産経ニュース - 要求高くて対価は低い　佐川がアマゾンとの取引撤退宅配業界大揺れ

38　2018年1月30日 Sankei Biz - ヤマト、アマゾンと値上げ合意　業績を上方修正

39　Amazon Flex　https://flex.amazon.co.jp

40　2019年6月26日　国土交通省 - 宅配便再配達率は 16.0% 〜平成31年4月の調査結果を公表〜

41　2019年9月18日　日本経済新聞　アマゾン、商品受け取り場所に宅配ロッカーやカフェ

42　2019 年 3 月 21 日　Statista Frequency with Amazon shoppers in the United States purchase from Amazon as of February 2019, by membership status

43 楽 天 ウ ェ ブ サ イ ト   http://logistics.rakuten.co.jp
Rakuten Super Logistics

44 楽 天 ウ ェ ブ サ イ ト   http://logistics.rakuten.co.jp
Rakuten Super Logistics

45 楽天市場   出店案内サイト

46 2019 年 4 月 1 日   公正取引委員会 - アマゾンジャパ
ン合同会社によるポイントサービス利用規約の変
更への対応について

47 2019 年 7 月 24 日   EC のミカタ   2018 年度の市場
規模は 2826 億円   拡大する電子書籍市場について
明らかにするインプレス社の調査レポートが公表
される

48 2017 年 2 月 18 日   Business Journal 楽天、アマゾン
に完敗し海外事業撤退の嵐…「ガラパゴス化」加速、
巨額損失の悪夢

49 2018 年 5 月 22 日   日本経済新聞 - アマゾン、国内で
1000 人新規採用   オフィスも拡張   事業拡大に対応

50 Statista - Number of Amazon.com employees from 2007
to 2018

51 2018 年 5 月 22 日   日本経済新聞 - アマゾン、国内で
1000 人新規採用   オフィスも拡張   事業拡大に対応

52 2018 年 10 月 2 日   PerformYard How Does Amazon Do
Performance Management

53　AMAZON.COM, INC. PROXY STATEMENT ANNUAL MEETING OF SHAREHOLDERS To Be Held on Wednesday, May 22, 2019

54　アマゾン会社概要 https://www.amazon.co.jp/b?ie=UTF8&node=4967767051

55　2018 年 11 月 16 日 Business Insider - 'Amazon will fail. Amazon will go bankrupt': Jeff Bezos makes surprise admission about Amazon's life span

56　2015 年 3 月 15 日　THE AMAZON WAY Amazon's Innovation Secret – The Future Press Release

57　Medium.com　Using 6 page and 2 page Documents to Make organizational Decisions

58　2018 年 4 月 3 日 10 Entrepreneur Asia Pacific - Leadership Lessons From Amazon's Massive Success

59　2018 年 11 月 16 日　Business Insider - 'Amazon will fail. Amazon will go bankrupt': Jeff Bezos makes surprise admission about Amazon's life span

60　2019 年 9 月 23 日　日本経済新聞　米小売店、3 年で 1 万店減　アマゾン・エフェクト猛威

61　2009 年 7 月 5 日　朝日新聞　アマゾンに 140 億円追徴 国税局「日本にも本社機能」

62　2018 年 8 月 20 日　朝日新聞　IT 外資の法人税に苦戦　アマゾン日本法人は 11 億円

63 2018 年 12 月 14 日　日本経済新聞　アマゾンとメ
ルカリ、経団連に加盟

Star 星出版 財經商管 Biz 020

amazon 絕對思考
amazonの絶対思考

作者 —— 星健一
譯者 —— 游韻馨

總編輯 —— 邱慧菁
特約編輯 —— 吳依亭
校對 —— 李蓓蓓
封面完稿 —— 李岱玲
內頁排版 —— 立全電腦印前排版有限公司

讀書共和國出版集團社長 —— 郭重興
發行人 —— 曾大福
出版 —— 星出版／遠足文化事業股份有限公司
發行 —— 遠足文化事業股份有限公司
　　　　231 新北市新店區民權路 108 之 4 號 8 樓
　　　　電話：886-2-2218-1417
　　　　傳真：886-2-8667-1065
　　　　email: service@bookrep.com.tw
　　　　郵撥帳號：19504465 遠足文化事業股份有限公司
　　　　客服專線 0800221029
法律顧問 —— 華洋國際專利商標事務所 蘇文生律師
製版廠 —— 中原造像股份有限公司
印刷廠 —— 中原造像股份有限公司
裝訂廠 —— 中原造像股份有限公司
登記證 —— 局版台業字第 2517 號

出版日期 —— 2022 年 12 月 31 日第一版第一次印行
定價 —— 新台幣 420 元
書號 —— 2BBZ0020
ISBN —— 978-626-96721-1-0

著作權所有　侵害必究

星出版讀者服務信箱 —— starpublishing@bookrep.com.tw
讀書共和國網路書店 —— www.bookrep.com.tw
讀書共和國客服信箱 —— service@bookrep.com.tw
歡迎團體訂購，另有優惠，請洽業務部：886-2-22181417 ext. 1132 或 1520
本書如有缺頁、破損、裝訂錯誤，請寄回更換。
本書僅代表作者言論，不代表星出版／讀書共和國出版集團立場與意見，文責由作者自行承擔。

國家圖書館出版品預行編目（CIP）資料

amazon 絕對思考／星健一 著；游韻馨 譯.
第一版 . – 新北市：星出版，遠足文化事業股份有限公司，
2022.12
288 面；14x20 公分 . -- （財經商管；Biz 020）.
譯自：amazonの絶対思考
ISBN 978-626-96721-1-0（平裝）

1.CST: 亞馬遜網路書店 (Amazon.com) 2.CST: 電子商務
3.CST: 企業經營

490.29　　　　　　　　　　　　　　111020852